Einstern

leicht gemacht

W0389259

3

Themenheft 4

- Multiplikation und Division
- Gewichte
- Geld
- Kombinatorik und Wahrscheinlichkeit

Erarbeitet von Roland Bauer und Jutta Maurach

In Zusammenarbeit mit der Redaktion Mathematik Grundschule

Cornelsen

Inhaltsverzeichnis

Lernportion 1 Wiederholung und Vertiefung von Mal- und Geteiltaufgaben

Lernportion 2 Multiplikation und Division mit Zehnern und Hundertern

Lernportion 3 Gewichte

Lernportion 4 Halbschriftliche Multiplikation und Division

Lernportion 5 Geld

Lernportion 6 Kombinatorik und Wahrscheinlichkeit

1 Mit Kernaufgaben rechnen

1 Löse die Kernaufgaben.

a) 1 · 4 = 4
1 · 6 =
1 · 8 =

b) 2 · 6 =
2 · 9 =
2 · 3 =

c) 5 · 4 =
5 · 7 =
5 · 8 =

d) 10 · 3 =
10 · 9 =
10 · 7 =

2 Bilde die Tauschaufgaben. Löse dann die Kernaufgaben.

a) 3 · 2 =
8 · 2 =
7 · 2 =

b) 7 · 5 =
4 · 5 =
9 · 5 =

c) 8 · 10 =
6 · 10 =
4 · 10 =

3 Rechne mit den Kernaufgaben.

a) 5 · 8 = 40
1 · 8 = 8
6 · 8 = 48

b) 5 · 4 =
2 · 4 =
7 · 4 =

c) 2 · 7 =
1 · 7 =
3 · 7 =

d) 5 · 6 =
1 · 6 =
4 · 6 =

e) 10 · 5 =
1 · 5 =
9 · 5 =

f) 10 · 4 =
2 · 4 =
8 · 4 =

4 Löse die Aufgaben mithilfe von Kernaufgaben im Kopf.

a) 6 · 8 =
7 · 5 =
3 · 6 =

b) 6 · 7 =
7 · 3 =
3 · 9 =

c) 8 · 2 =
4 · 7 =
8 · 3 =

* Kernaufgaben aus verschiedenen Einmaleinsreihen lösen
* mithilfe der Kernaufgaben weitere Multiplikationsaufgaben erschließen

1 Suche dir ein anderes Kind. Jeder von euch schreibt auf Kärtchen die Zahlen von 0 bis 10 und legt diese verdeckt vor sich auf den Tisch. Nun deckt jeder von euch eine Karte auf. Bildet aus den beiden Zahlen zwei Malaufgaben und nennt die passende Lösung.

2 Löse die Aufgaben.

a) 3 · 6 = 18
7 · 8 = □
5 · 6 = □
4 · 8 = □

b) 3 · 9 = □
7 · 2 = □
0 · 5 = □
9 · 7 = □

c) 8 · 3 = □
7 · 4 = □
8 · 6 = □
9 · 8 = □

3 Finde zu den vorgegebenen Ergebnissen verschiedene Malaufgaben.

a) 9 · 2 = 18
□ · □ = 18
□ · □ = 18
□ · □ = 18

b) □ · □ = 12
□ · □ = 12
□ · □ = 12
□ · □ = 12

c) □ · □ = 24
□ · □ = 24
□ · □ = 24
□ · □ = 24

4 Finde Aufgabenpaare nach dem vorgegebenen Muster.

a) 3 · 8 = 6 · 4
3 · 4 = 6 · 2
2 · 8 = 4 · □
4 · 6 = 8 · □

b) 10 · 4 = 5 · 8
8 · 3 = 4 · 6
6 · 2 = 3 · □
4 · 3 = 2 · □

⭑ Multiplikationsaufgaben aus verschiedenen Einmaleinsreihen lösen ⭑ zu vorgegebenen Produkten verschiedene Multiplikationsaufgaben finden ⭑ **MK:** Muster von Aufgabenpaaren erkennen und weitere Aufgabenpaare nach vorgegebenem Muster ergänzen

1 Schreibe zu jedem Bild eine Geteiltaufgabe und eine Malaufgabe.

a)
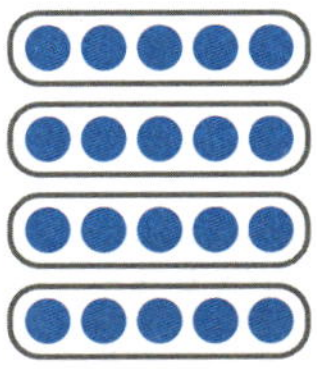

20 : 5 = 4
4 · 5 = 20

b)
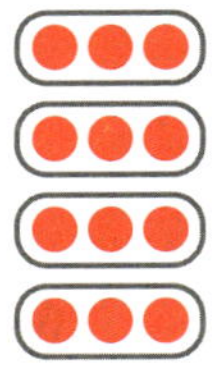

___ : ___ = ___
___ · ___ = ___

c)
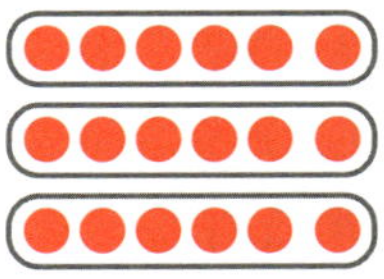

___ : ___ = ___
___ · ___ = ___

d)
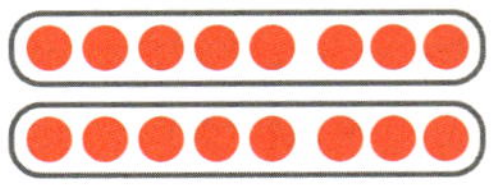

___ : ___ = ___
___ · ___ = ___

e)
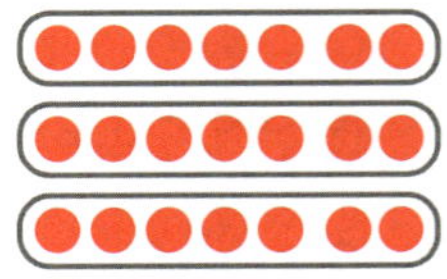

___ : ___ = ___
___ · ___ = ___

2 Löse die Geteiltaufgaben. Kontrolliere jedes Ergebnis mit der Umkehraufgabe.

a) 27 : 3 = 9, denn
9 · 3 = 27

b) 63 : 7 = ___, denn
___ · ___ = ___

c) 36 : 9 = ___, denn
___ · ___ = ___

d) 48 : 6 = ___, denn
___ · ___ = ___

e) 20 : 4 = ___, denn
___ · ___ = ___

f) 24 : 8 = ___, denn
___ · ___ = ___

3 Löse die Geteiltaufgaben.

a) 18 : 6 = 3
b) 16 : 2 = ___
c) 54 : 9 = ___
d) 32 : 4 = ___
e) 24 : 3 = ___
f) 49 : 7 = ___

4 Ergänze die fehlenden Zahlen.

a) 35 : 7 = 5
b) 48 : ___ = 8
c) 56 : ___ = 7
d) 21 : ___ = 7
e) 63 : ___ = 9
f) 15 : ___ = 3

AH 53

- zu Rechenbildern Divisions- und Multiplikationsaufgaben finden
- Divisionsaufgaben lösen und mithilfe der Umkehraufgabe kontrollieren
- in Divisionsaufgaben den Divisor ergänzen

1 Geteiltaufgaben mit Rest wiederholen und üben

1 Schreibe zu jedem Bild die passende Geteiltaufgabe mit Rest (R).

a) 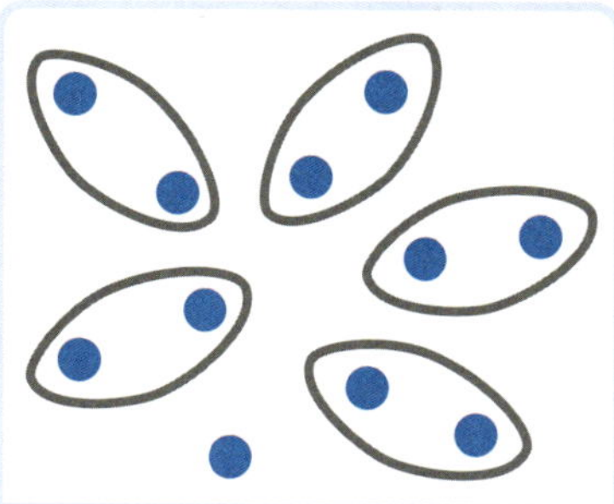

11 : 2 = 5 R 1

b) 

___ : ___ = ___ R ___

c) 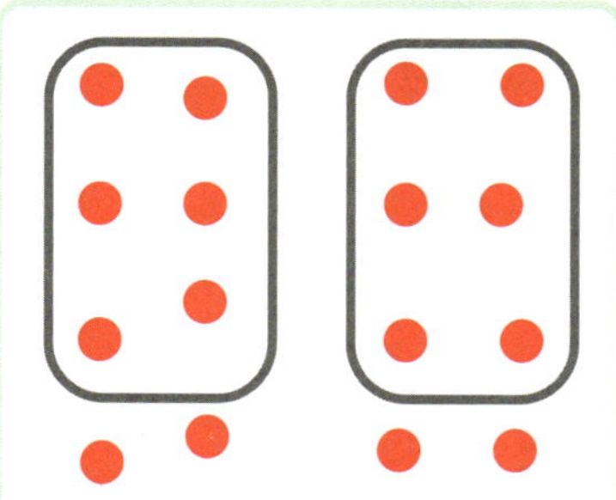

___ : ___ = ___ R ___

d) 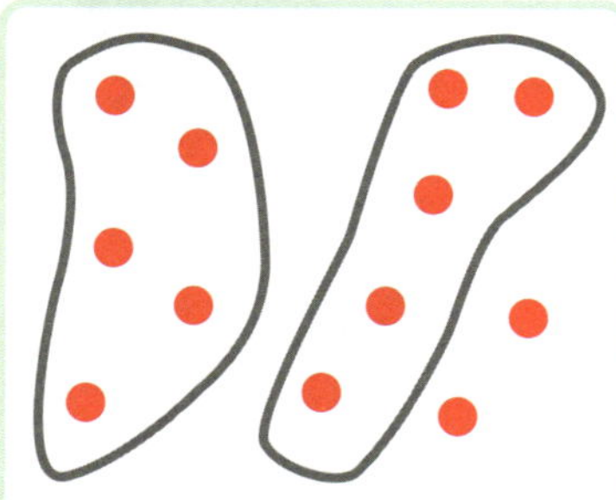

___ : ___ = ___ R ___

e) 

___ : ___ = ___ R ___

2 Löse die Aufgaben. Löse immer zuerst die obere Aufgabe.

a) 18 : 3 = 6
20 : 3 = 6 R 2

b) 20 : 4 = ___
23 : 4 = ___ R ___

c) 24 : 6 = ___
28 : 6 = ___ R ___

d) 30 : 5 = ___
32 : 5 = ___ R ___

e) 21 : 7 = ___
26 : 7 = ___ R ___

f) 16 : 8 = ___
23 : 8 = ___ R ___

3 Löse die Aufgaben. Kontrolliere jedes Ergebnis mit der Umkehraufgabe.

a) 23 : 6 = 3 R 5, denn
3 · 6 + 5 = 23

b) 30 : 4 = ___ R ___, denn
___ · ___ + ___ = ___

c) 46 : 8 = ___ R ___, denn
___ · ___ + ___ = ___

d) 26 : 3 = ___ R ___, denn
___ · ___ + ___ = ___

e) 29 : 5 = ___ R ___, denn
___ · ___ + ___ = ___

f) 36 : 7 = ___ R ___, denn
___ · ___ + ___ = ___

- zu Rechenbildern Divisionsaufgaben mit Rest finden
- Divisionsaufgaben ohne und mit Rest lösen
- Divisionsaufgaben mit Rest lösen und mithilfe der Umkehraufgabe kontrollieren

Mathematiker haben festgelegt: Immer zuerst mal und geteilt rechnen, erst dann plus und minus.

4 · 5 − 2 = 20 − 2 = 18
35 : 7 + 3 = 5 + 3 = 8
9 − 42 : 6 = 9 − 7 = 2

7 + 2 · 6 = 7 + 12 = 19

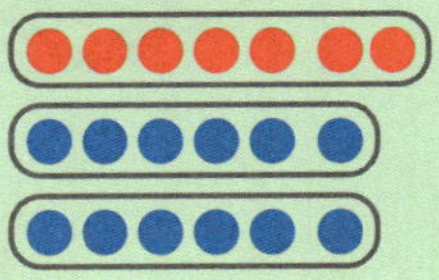

Punktrechnung (· und :) vor **Strichrechnung (+ und −)**

1 Löse die Aufgaben. Beachte die Punkt-vor-Strich-Regel.

a) 20 + 3 · 4 = 20 + 12 = 32
7 + 4 · 5 = ______

b) 3 · 6 + 30 = ______
9 · 4 + 8 = ______

c) 32 − 7 · 3 = ______
20 − 2 · 7 = ______

d) 8 · 8 − 20 = ______
9 · 5 − 10 = ______

e) 5 + 45 : 9 = ______
16 + 12 : 4 = ______

f) 35 : 5 + 12 = ______
63 : 7 + 38 = ______

g) 40 − 10 : 2 = ______
27 − 35 : 5 = ______

h) 49 : 7 − 2 = ______
36 : 4 − 5 = ______

2 Schreibe zu der Rechengeschichte (G) eine Rechnung (R) und ergänze die Antwort (A).

G: Ole bekommt vier Päckchen mit Sammelbildern.
In jedem Päckchen sind fünf Bilder.
Er schenkt seiner Schwester sechs Sammelbilder.
F: Wie viele Sammelbilder hat Ole noch?
R: ______
A: Ole hat noch ☐ Sammelbilder.

★ die Punkt-vor-Strich-Regel kennenlernen ★ die Punkt-vor-Strich-Regel beim Lösen von Aufgaben anwenden ★ zu vorgegebener Rechengeschichte passende Aufgabe finden und unter Beachtung der Punkt-vor-Strich-Regel lösen

1 Löse die Aufgaben. Denke an die Punkt-vor-Strich-Regel.

a) $6 \cdot 7 + 2 \cdot 4 =$ 42 + 8 = 50

$8 \cdot 4 + 3 \cdot 5 =$ ______

$4 \cdot 3 + 9 \cdot 4 =$ ______

b) $3 \cdot 3 + 9 \cdot 9 =$ ______

$9 \cdot 6 + 2 \cdot 6 =$ ______

$5 \cdot 5 + 3 \cdot 7 =$ ______

2 Bilde aus den Ziffernkärtchen und den Rechenzeichen mindestens vier Aufgaben wie in Aufgabe 1. Schreibe sie auf und löse sie.

a) 2 3 4 6 · +

b) 5 7 1 2 · +

Seite 9 Aufgabe 2
a) ...

3 Betrachtet eure Aufgaben und Lösungen in Aufgabe 2.

a Was fällt euch auf?

b Überlegt, wie ihr die Kärtchen zusammenstellen müsst, um das größte und das kleinste Ergebnis zu erhalten.

4 Löse die Aufgaben. Denke an die Punkt-vor-Strich-Regel.

a) $63 : 9 + 35 : 7 =$ ______

$18 : 2 + 24 : 3 =$ ______

$32 : 8 + 45 : 5 =$ ______

b) $24 : 4 + 12 : 6 =$ ______

$30 : 6 + 28 : 4 =$ ______

$56 : 8 + 63 : 7 =$ ______

5 Löse die Aufgaben. Denke an die Punkt-vor-Strich-Regel.

a) $3 \cdot 9 - 4 \cdot 5 =$ ______

$6 \cdot 8 - 5 \cdot 3 =$ ______

$9 \cdot 8 - 7 \cdot 3 =$ ______

b) $72 : 8 - 6 : 1 =$ ______

$40 : 5 - 21 : 7 =$ ______

$27 : 3 - 81 : 9 =$ ______

★ Multiplikations- und Divisionsaufgaben addieren und subtrahieren und dabei die Punkt-vor-Strich-Regel beachten ★ aus Ziffernkärtchen und Rechenzeichen Aufgaben zusammenstellen und lösen

1 Löse die Malaufgaben. Kreise das Kästchen mit dem richtigen Ergebnis ein.

a) 5 · 7 = (35) 40 28
8 · 4 = 24 32 36
9 · 5 = 35 50 45

b) 3 · 6 = 12 18 24
6 · 7 = 42 35 21
5 · 4 = 15 28 20

c) 8 · 6 − 4 = 52 48 44
5 · 3 + 5 = 10 20 15
9 · 3 − 6 = 33 21 27

2 Löse die Geteiltaufgaben. Kreise das Kästchen mit dem richtigen Ergebnis ein.

a) 42 : 7 = 7 (6) 9
64 : 8 = 8 6 9
27 : 9 = 5 4 3

b) 32 : 8 = 6 8 4
45 : 9 = 4 5 8
35 : 5 = 7 8 6

c) 36 : 9 + 5 = 8 7 9
49 : 7 − 3 = 4 5 7
30 : 5 + 4 = 6 10 9

3 Ergänze passende Zahlen.

a) 6 · 6 = *36*
5 · 8 = ☐
7 · 7 = ☐

b) 7 · ☐ = 63
5 · ☐ = 20
4 · ☐ = 32

c) ☐ · 4 = 28
☐ · 8 = 56
☐ · 9 = 54

d) 21 : 7 = ☐
24 : 6 = ☐
14 : 2 = ☐

e) 16 : ☐ = 8
27 : ☐ = 9
30 : ☐ = 5

f) ☐ : 4 = 9
☐ : 3 = 7
☐ : 8 = 6

4 Kontrolliere die Aufgaben. Verbessere die Fehler.
Tipp: In jedem Päckchen ist eine Aufgabe falsch.

a) 4 · 9 = 36 ✓
7 · 8 = ~~54~~ *56*
9 · 7 = 63 ✓

b) 8 · 5 = 40 ____
3 · 7 = 21 ____
7 · 0 = 7 ____

c) 48 : 8 = 7 ____
54 : 6 = 9 ____
45 : 9 = 5 ____

d) 45 : 5 = 9 ____
32 : 4 = 8 ____
18 : 3 = 5 ____

★ Multiplikations- und Divisionsaufgaben lösen und das richtige Ergebnis auswählen
★ bei Multiplikations- und Divisionsaufgaben passende Zahlen für Platzhalter an verschiedenen Stellen finden ★ falsch gelöste Aufgaben identifizieren und korrigieren

Sprechen wie die Mathematiker:
Mal rechnen heißt **multiplizieren**.
Das Ergebnis heißt **Produkt**.
Teilen heißt **dividieren**.
Das Ergebnis heißt **Quotient**.

multiplizieren ·
dividieren :

1 Finde die passende Aufgabe und löse sie.

Multipliziere 5 mit 7.

☐ ○ ☐ = ☐

Dividiere 56 durch 7.

☐ ○ ☐ = ☐

Bilde das Produkt aus der größten einstelligen Zahl und 8.

☐ ○ ☐ = ☐

Bilde den Quotient aus 27 und 3.

☐ ○ ☐ = ☐

2 Verbinde die passenden Kärtchen.
Löse die Aufgaben.

- Multipliziere 3 mit 6.
- Wenn du deine Zahl mit 3 multiplizierst, erhältst du 6.

- ☐ : 6 = 3
- ☐ · 3 = 6
- 3 · 6 = ☐
- 6 : 3 = ☐

- Dividiere 6 durch 3.
- Wenn du deine Zahl durch 6 dividierst, erhältst du 3.

4 + 4 + 4 = 12
3 · 4 = 12

40 + 40 + 40 = 120
3 · 40 = 120

3 · 4 = 12
und 3 · 40 = 120
sind **verwandte Aufgaben.**

1 Schreibe zu jedem Bild die passende Multiplikationsaufgabe. Löse die Aufgaben.

6 + 6 = 12
2 · 6 = 12

60 + 60 = 120
2 · 60 = 120

8 + 8 + 8 = ☐
☐ · ☐ = ☐

80 + 80 + 80 = ☐
☐ · ☐ = ☐

9 + 9 + 9 + 9 = ☐
☐ · ☐ = ☐

9 + 90 + 90 + 90 = ☐
☐ · ☐ = ☐

2 Löse die Aufgaben.
Du kannst auch Rechenbilder zeichnen oder mit Zehnerstangen legen.

a) 3 · 6 = 18 3 · 60 = 180	b) 7 · 5 = ☐ 7 · 50 = ☐	c) 6 · 4 = ☐ 6 · 40 = ☐
d) 8 · 3 = ☐ 8 · 30 = ☐	e) 3 · 7 = ☐ 3 · 70 = ☐	f) 7 · 8 = ☐ 7 · 80 = ☐
g) 5 · 6 = ☐ 5 · 60 = ☐	h) 4 · 9 = ☐ 4 · 90 = ☐	i) 3 · 5 = ☐ 3 · 50 = ☐

B

★ zu Rechenbildern und Additionsaufgaben verwandte Multiplikationsaufgaben finden
★ Multiplikationsaufgaben mithilfe verwandter Aufgaben lösen

3 · 2 = 6

3 · 20 = 60

1 Finde und löse zuerst die kleine Aufgabe.

a) 4 · 8 = 32
4 · 80 = 320

b) ___ · ___ = ___
5 · 70 = ___

c) ___ · ___ = ___
9 · 90 = ___

2 Löse zuerst die kleine Aufgabe im Kopf. Löse dann die Aufgabe.

a) 3 · 30 = 90
b) 9 · 70 = ___
c) 5 · 40 = ___
d) 3 · 80 = ___
e) 7 · 20 = ___
f) 8 · 30 = ___

3 Löse die Tauschaufgaben.

a) 4 · 70 = 280
70 · 4 = 280

b) 5 · 90 = ___
90 · 5 = ___

c) 7 · 80 = ___
80 · 7 = ___

d) 6 · 30 = ___
30 · 6 = ___

e) 4 · 40 = ___
40 · 4 = ___

f) 3 · 50 = ___
50 · 3 = ___

4 Löse die Aufgaben mithilfe der Tauschaufgaben.

a) 40 · 8 = 320
b) 60 · 7 = ___
c) 90 · 2 = ___
d) 30 · 4 = ___
e) 50 · 6 = ___
f) 40 · 9 = ___

* verwandte Aufgaben aus dem kleinen Einmaleins sowie Tauschaufgaben finden und als Rechenhilfe nutzen

ÜH 50

1 Schreibe zu jedem Bild die passende Divisionsaufgabe. Löse die Aufgaben.

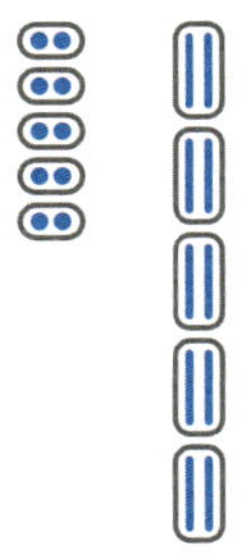

5 · 2 = 10
10 : 2 = 5

5 · 20 = 100
100 : 20 = 5

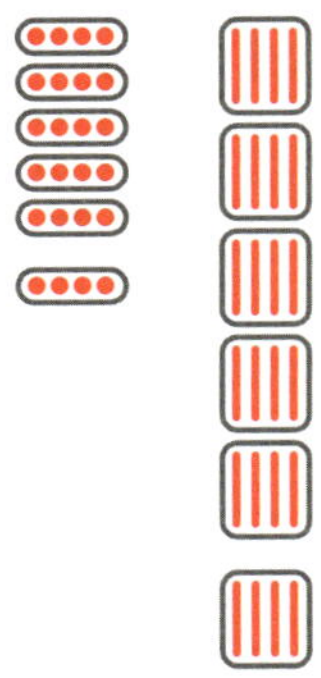

6 · 4 = ☐
☐ : ☐ = ☐

6 · 40 = ☐
☐ : ☐ = ☐

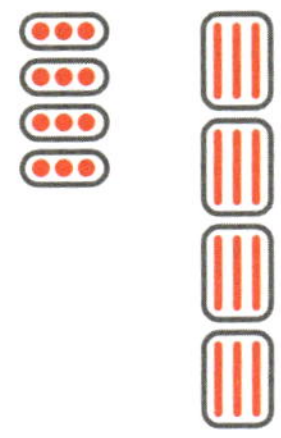

4 · 3 = ☐
☐ : ☐ = ☐

4 · 30 = ☐
☐ : ☐ = ☐

2 Löse die Aufgaben.
Du kannst auch Rechenbilder zeichnen oder mit Zehnerstangen legen.

a) 56 : 7 = 8
560 : 70 = 8

b) 30 : 5 = ☐
300 : 50 = ☐

c) 28 : 4 = ☐
280 : 40 = ☐

d) 36 : 9 = ☐
360 : 90 = ☐

e) 48 : 6 = ☐
480 : 60 = ☐

f) 24 : 8 = ☐
240 : 80 = ☐

g) 16 : 2 = ☐
160 : 20 = ☐

h) 27 : 3 = ☐
270 : 30 = ☐

i) 40 : 5 = ☐
400 : 50 = ☐

* zu Rechenbildern und Multiplikationsaufgaben verwandte Divisionsaufgaben finden
* Divisionsaufgaben mithilfe verwandter Aufgaben lösen

240 : 30 = 8, denn
8 · 30 = 240

240 : 3 = 80, denn
80 · 3 = 240

1 Löse die Aufgaben. Die Umkehraufgabe kann dir helfen.

a) 18 : 3 = 6
180 : 30 = 6
180 : 3 = 60

b) 27 : 9 =
270 : 90 =
270 : 9 =

c) 54 : 6 =
540 : 60 =
540 : 6 =

2 Löse zuerst die kleine Aufgabe im Kopf. Löse dann die Aufgaben.

a) 280 : 70 = 4
280 : 7 = 40

b) 350 : 50 =
350 : 5 =

c) 720 : 90 =
720 : 9 =

d) 180 : 60 =
180 : 6 =

e) 400 : 80 =
400 : 8 =

f) 160 : 40 =
160 : 4 =

3 Löse die Aufgaben.
Kontrolliere jedes Ergebnis mit der Umkehraufgabe.

a) 420 : 60 =
450 : 50 =
240 : 30 =

b) 250 : 5 =
540 : 9 =
320 : 8 =

Seite 15 Aufgabe 3
a) 420 : 60 = 7, denn
7 · 60 = 420
450 : 50 = ...
⋮
b) ...

4 Erstelle gemeinsam mit einem anderen Kind ein Lege- oder Kartenspiel zum Üben von Multiplikations- und Divisionsaufgaben.

1 Berechne die Anzahl der Flaschen.

a)

2 Kisten Apfelsaft	2 · 30 = 60
4 Kisten Apfelsaft	

b)

2 Kisten Orangensaft	
6 Kisten Orangensaft	

2 Berechne die Anzahl der Kisten.

a)

90 Flaschen Apfelsaft	90 : 30 = 3
150 Flaschen Apfelsaft	

b)

60 Flaschen Orangensaft	
160 Flaschen Orangensaft	

3 Fülle die Tabellen vollständig aus.

a) Apfelsaft 

Flaschen	30		90		150		210		270	
Kisten	1	2		4		6		8		10

b) Orangensaft 

Flaschen	20	40		80		120		160		200
Kisten	1		3		5		7		9	

★ zu einer Sachsituation passende Multiplikations- und Divisionsaufgaben mit Zehnerzahlen finden und lösen

Multiplizieren und dividieren mit Zehnern und Hundertern

4 · 2 = 8
4 · 20 = 80
4 · 200 = 800

8 : 2 = 4
80 : 2 = 40
800 : 2 = 400

1 Löse die verwandten Aufgaben.

a) 3 · 2 = 6
3 · 20 = 60
3 · 200 = 600

b) 3 · 3 = ___
3 · 30 = ___
3 · 300 = ___

c) 7 · 1 = ___
7 · 10 = ___
7 · 100 = ___

d) 8 : 4 = ___
80 : 4 = ___
800 : 4 = ___

e) 6 : 2 = ___
60 : 2 = ___
600 : 2 = ___

f) 4 : 2 = ___
40 : 2 = ___
400 : 2 = ___

2 Finde und löse zuerst die kleinen Aufgaben.

a) 2 · 3 = 6
2 · 30 = ___
2 · 300 = ___

b) ___ · ___ = ___
___ · ___ = ___
8 · 100 = ___

c) ___ : ___ = ___
___ : ___ = ___
1000 : 5 = ___

3 Löse die Aufgaben mithilfe der Tauschaufgaben.

a) 1 · 5 = 5
10 · 5 = ___
100 · 5 = ___

b) 2 · 3 = ___
20 · 3 = ___
200 · 3 = ___

c) 4 · 2 = ___
40 · 2 = ___
400 · 2 = ___

4 Löse die Aufgaben mithilfe der Umkehraufgaben.

a) 6 : 2 = 3
60 : 20 = ___
600 : 200 = ___

3 · 2 = 6
3 · 20 = 60
3 · 200 = 600

b) 9 : 3 = ___
90 : 30 = ___
900 : 300 = ___

c) 8 : 4 = ___
80 : 40 = ___
800 : 400 = ___

★ Multiplikations- und Divisionsaufgaben mit Zehner- und Hunderterzahlen mithilfe verwandter Aufgaben, Tauschaufgaben und Umkehraufgaben lösen

4 · heißt das **4-Fache**.
: 4 heißt der **4. Teil**.

Das 4-Fache von 5 ist 20.
Der 4. Teil von 20 ist 5.

1 Schreibe passende Rechenaufgaben auf.

a) das 3-Fache von 50
3 · 50 = 150

b) das 5-Fache von 80
☐ ◯ ☐ = ☐

c) das 40-Fache von 5
☐ ◯ ☐ = ☐

d) das 20-Fache von 7
☐ ◯ ☐ = ☐

e) der 8. Teil von 320
☐ ◯ ☐ = ☐

f) der 9. Teil von 540
☐ ◯ ☐ = ☐

g) das Doppelte von 90
☐ ◯ ☐ = ☐

h) die Hälfte von 240
☐ ◯ ☐ = ☐

2 Löse die Zahlenrätsel. Schreibe deine Rechenschritte auf.

Halbiere das 40-Fache von 3.
So erhältst du meine Zahl.

Verdopple den 4. Teil von 800.
So erhältst du meine Zahl.

3 Finde selbst ein Zahlenrätsel.
Stelle es einem anderen Kind vor.
Bitte das Kind, seinen Lösungsweg zu beschreiben.

Seite 18 Aufgabe 3
...

D 53

★ **SF:** verbale Beschreibungen in Multiplikations- und Divisionsaufgaben übertragen
★ Zahlenrätsel in zwei nacheinander ausgeführte Rechnungen übertragen
★ **SF:** eigenes Zahlenrätsel unter Anwendung der Fachbegriffe erfinden

2 Zu Sachsituationen passende Fragen und Rechnungen finden

1 Finde zu jeder Rechengeschichte (G) eine Frage (F) und die passende Rechnung (R).
Prüfe zum Schluss, ob Geschichte, Frage und Rechnung zusammenpassen.

a) G: Im Theater gibt es immer 40 Sitze in einer Reihe.
Alle sieben Reihen sind voll besetzt.

F: ______________________________

R: ______________________________

b) G: Im Zirkuszelt gibt es 720 Plätze.
In jeder Reihe können 80 Personen sitzen.

F: ______________________________

R: ______________________________

c) G: Immer sechs Dosen Hundefutter sind in einem Karton.
Die Zoohandlung bekommt 20 Kartons geliefert.

F: ______________________________

R: ______________________________

d) G: Die Lehrerin verteilt 160 Perlen an acht Kinder.

F: ______________________________

R: ______________________________

2 Schreibe zu Rechnungen (R) Rechengeschichten (G).

a Wähle zwei Rechnungen (R) aus.
Schreibe je eine Rechengeschichte (G).

Seite 19 Aufgabe 2
a) ...

R1: $3 \cdot 50 = 150$	R2: $70 \cdot 3 = 210$
R3: $350 : 70 = 5$	R4: $200 : 5 = 40$

b Prüfe gemeinsam mit einem anderen Kind,
ob deine Rechengeschichten zu den Rechnungen passen.

3 Mit der Hand und der Kleiderbügelwaage „wiegen“

1 Suche die oben abgebildeten Gegenstände.

a) Vergleiche wie Tim das Gewicht von zwei Gegenständen mit den Händen.
Lege die Gegenstände dem Gewicht nach geordnet in eine Reihe.
Beginne mit dem leichtesten.

b) Überprüfe dein Ergebnis wie Lea mit der Kleiderbügelwaage.

2 Überprüfe die Aussagen mithilfe der Kleiderbügelwaage.
Kreuze an.

	richtig	falsch
Der Bleistift ist leichter als die Schere.	◯	◯
Die Schere ist schwerer als das Buch.	◯	◯
Das Buch ist leichter als der Stift.	◯	◯
Der Radiergummi ist schwerer als das Lineal.	◯	◯

3 Kann man mit den Händen und der Kleiderbügelwaage immer genau vergleichen, welcher Gegenstand schwerer ist?
Besprecht eure Überlegungen.

★ Masse von Gegenständen mit den Händen und mit der Kleiderbügelwaage vergleichen und ordnen ★ Aussagen bewerten ★ Möglichkeiten und Grenzen bei Massevergleichen von Gegenständen mit den Händen und der Kleiderbügelwaage reflektieren

1 Mit der Balkenwaage oder der Tafelwaage kannst du das Gewicht von zwei Gegenständen vergleichen.

Suche jeweils zwei Gegenstände.
Vergleiche ihr Gewicht mit der Balkenwaage oder Tafelwaage.
Schreibe die Ergebnisse von fünf Vergleichen auf.

... ist leichter als ... | ... ist schwerer als ... | ... ist genauso schwer wie ...

2 Suche gemeinsam mit einem anderen Kind weitere Gegenstände.
Vergleicht ihr Gewicht.
Schätzt zuerst und vergleicht dann mit der Balkenwaage oder der Tafelwaage.

3 Besprecht, was ihr mit der Balkenwaage oder der Tafelwaage feststellen könnt.
Könnt ihr bestimmen, wie schwer ein Gegenstand ist?
Könnt ihr herausfinden, um wieviel ein Gegenstand schwerer ist als ein anderer?

★ Massevergleiche von Gegenständen mit der Tafel- oder Balkenwaage durchführen
★ SF: Massevergleiche verbalisieren ★ SF: Möglichkeiten und Grenzen beim erprobten Umgang mit der Balken- und Tafelwaage reflektieren

1 Ordne die Namen zu. Verbinde.

Personenwaage | Kofferwaage | Zeigerwaage

Verkaufswaage | Tafelwaage

Briefwaage | Küchenwaage | Balkenwaage

2 Überlege, wo die Waagen genutzt werden und was damit gewogen wird.
Besprich deine Überlegungen mit anderen Kindern oder auch mit deinen Eltern.

Beim Wiegen mit der Tafelwaage musst du die Gewichtsstücke so zusammenstellen, dass beide Seiten in Balance sind.

Gewichte werden in den Einheiten **Gramm** oder **Kilogramm** angegeben.

1 000 Gramm sind 1 Kilogramm.

1 000 g = 1 kg

1 kg = 1 000 g

1 Bestimme, wie viel das Obst wiegt.

a)

1 kg

b)

c)

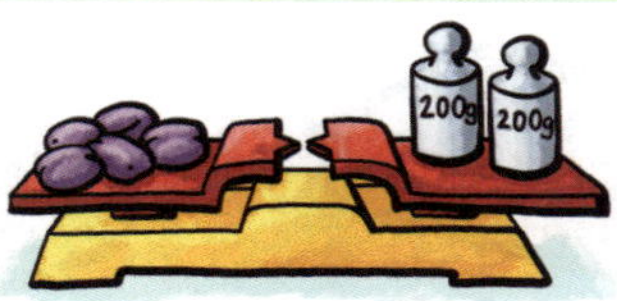

d)

2 Bestimme mit der Tafelwaage, wie schwer die Gegenstände sind.

a) Suche dir diese Gegenstände.

Mäppchen	
Bleistift	
Füller	

b) Suche dir eigene Gegenstände.

★ die Masseeinheiten g und kg sowie Gewichtsstücke der Tafelwaage kennenlernen
★ bei einer abgebildeten Wiegesituation die Masse bestimmen
★ die Masse vorgegebener und selbst gewählter Gegenstände mit der Tafelwaage bestimmen

3 Für unterschiedliche Gewichtsangaben Repräsentanten finden

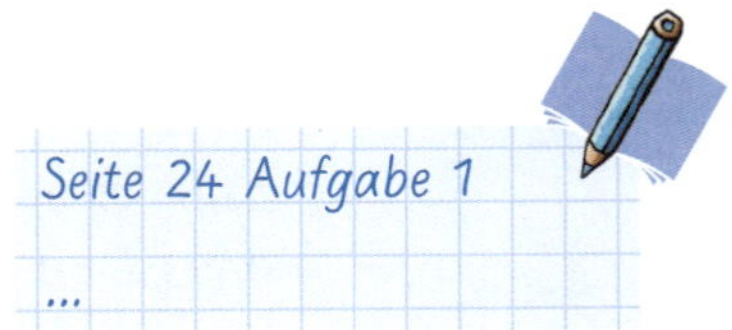

1 Auf Lebensmittelverpackungen stehen fast immer Gewichtsangaben. Erkunde zu Hause oder beim nächsten Einkauf, welche Gewichtsangaben sich auf verschiedenen Verpackungen finden. Notiere Lebensmittel und ihre Gewichtsangaben.

2 Gestaltet eine Ausstellung.

a) Bringt volle oder leere Lebensmittelverpackungen, auf denen ihr Gewichtsangaben findet, in die Schule mit. Stellt sie auf einem Ausstellungstisch aus.

b) Betrachtet euren Ausstellungstisch.
Findet Lebensmittel, die 1 000 g, 500 g, 250 g oder 100 g wiegen.

3 Ordne folgenden Dingen die passende Gewichtsangabe zu. Verbinde.

2 g | 10 g | 100 g | 200 g | 250 g | 500 g | 750 g | 1 000 g

4 Erstellt Plakate, auf denen ihr Dinge sammelt, die ungefähr so viel wiegen:

1 g | 10 g | 100 g

500 g | 1 kg | 5 kg

Sucht die Dinge in eurer Umgebung, in Prospekten und im Internet.

* Masseangaben auf Verpackungen erkunden, in der Klasse eine Ausstellung gestalten
* Masseangaben vorgegebenen Lebensmitteln passend zuordnen
* MK: Plakate gestalten, Vergleichsgrößen aufbauen

1 Bestimme, wie viel das Obst wiegt.

a) 

☐ g

b) 

☐ g

c) 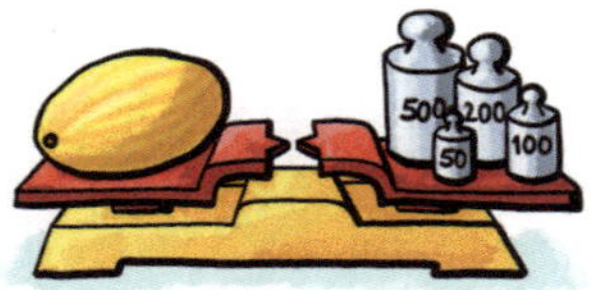

☐ g

2 Ordne die Gewichtsangaben passend zu.

1 g | 10 g | 100 g | 250 g | 500 g | 1 kg | 10 kg | 100 kg

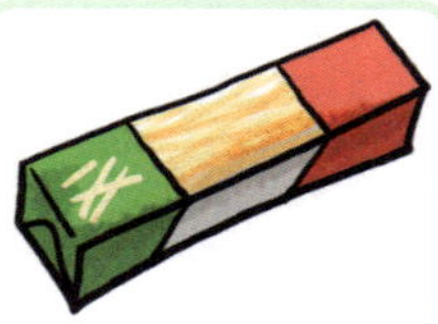 

3 Setze die Gewichtsangabe g oder kg passend ein.

a) Eine Tube Zahnpasta wiegt ungefähr 100 g.

b) Ein Adler wiegt ungefähr 6 ________ .

c) Eine Packung Mehl wiegt ungefähr 1 ________ .

d) Eine Kartoffel wiegt ungefähr 90 ________ .

e) Eine Tintenpatrone wiegt ungefähr 1 ________ .

f) Ein Löwe wiegt ungefähr 190 ________ .

* bei einer abgebildeten Wiegesituation die Masse bestimmen
* Masseangaben vorgegebenen Gegenständen aus dem Alltag passend zuordnen
* Masseangaben die Einheiten g und kg passend zuordnen

*Die Hälfte heißt **ein halb** ($\frac{1}{2}$).*
*Der vierte Teil ist **ein Viertel** ($\frac{1}{4}$).*

Ein Kilogramm sind 1000 g.	1 kg = 1000 g
Ein halbes Kilogramm sind 500 g.	$\frac{1}{2}$ kg = 500 g
Ein viertel Kilogramm sind 250 g.	$\frac{1}{4}$ kg = 250 g
Drei viertel Kilogramm sind 750 g.	$\frac{3}{4}$ kg = 750 g
Eineinhalb Kilogramm sind 1 kg und 500 g.	$1\frac{1}{2}$ kg = 1 kg und 500 g

1 Immer zwei Gewichtsangaben sind gleich. Verbinde.

1000 g — 250 g — 1 kg 500 g — 750 g — 500 g

$\frac{1}{2}$ kg — 1 kg — $\frac{1}{4}$ kg — $\frac{3}{4}$ kg — $1\frac{1}{2}$ kg

2 *Zutaten für 12 Bananen-Haferflocken-Muffins*

120 g Mehl
120 g Haferflocken
70 g Zucker
80 g Butter
1 Teelöffel Backpulver
2 Eier
2 zerdrückte Bananen

a Schreibe die Zutaten für 6 Muffins in die Tabelle.

b Schreibe die Zutaten für 24 Muffins in die Tabelle.

Zutaten für 6 Muffins	*60 g*				__ Teelöffel	__ Ei	__ Banane
Zutaten für 12 Muffins	120 g	120 g	70 g	80 g	1 Teelöffel	2 Eier	2 Bananen
Zutaten für 24 Muffins					__ Teelöffel	__ Eier	__ Bananen

⁎ Masseangaben in kg mit Bruchzahlen kennenlernen und in g umwandeln
⁎ Mengenangaben eines Rezepts halbieren und verdoppeln

Gewichtsangaben umwandeln, vergleichen und ordnen

	kg	100 g	10 g	1 g	
1 kg 25 g =	1	0	2	5	= 1,025 kg

Das Komma trennt kg und g.
1 kg 25 g = 1,025 kg

1 Immer drei Kärtchen gehören zusammen. Umrande.

0 kg 345 g	0 kg 750 g	0 kg 56 g	1 kg 500 g
0,056 kg	1,5 kg	0,345 kg	0,750 kg
$1\frac{1}{2}$ kg	56 g	750 g	345 g

2 Vergleiche. Setze die Zeichen <, > oder = passend ein.

a) 0,500 kg > $\frac{1}{4}$ kg
b) 1 kg 50 g ◯ 1,5 kg
c) 75 g ◯ $\frac{3}{4}$ kg
d) 580 g ◯ $\frac{1}{2}$ kg
e) 0,275 kg ◯ 275 g
f) 1 kg 250 g ◯ 1,025 kg

3 Ordne die Gewichtsangaben.

a) Beginne mit der kleinsten Gewichtsangabe.

0,250 kg | 520 g | 0,052 kg | ~~25 g~~

25 g < ______

b) Beginne mit der größten Gewichtsangabe.

45 g | 0,450 kg | ~~$\frac{1}{2}$ kg~~ | 0,054 kg

$\frac{1}{2}$ kg > ______

1 Bestimme die Gewichtsstücke, die du zum Abwiegen der folgenden Gewichte benötigst. Benutze so wenige wie möglich.

a) Zeichne die Gewichte vereinfacht auf.

310 g: (200 g) (100 g) (10 g)

425 g: ______

708 g: ______

b) Schreibe als Additionsaufgabe.

226 g = 200 g + 20 g + 5 g + 1 g

654 g = ______

175 g = ______

2 Ergänze. Wandle die Gewichtsangaben wenn nötig im Kopf in Gramm um.

a)

600 g + 400 g = 1 000 g
750 g + ______ = 1 000 g
$\frac{1}{2}$ kg + ______ = 1 000 g

b)

300 g + ______ = 1 kg
850 g + ______ = 1 kg
$\frac{3}{4}$ kg + ______ = 1 kg

c)

450 g + ______ = 500 g
370 g + ______ = 500 g
$\frac{1}{4}$ kg + ______ = 500 g

3 Löse die Aufgaben. Wandle zuerst alle Gewichtsangaben im Kopf in Gramm um.

a) 0,800 kg + 0,200 kg = 1 kg

0,250 kg + 0,250 kg = ______

0,310 kg + 0,550 kg = ______

b) 0,750 kg – 0,250 kg = ______

1,000 kg – 0,300 kg = ______

0,350 kg – 0,050 kg = ______

★ beim Wiegen benötigte Wägestücke rechnerisch ermitteln
★ Masseangaben bis zur vorgegebenen Masse ergänzen
★ Additionsaufgaben und Subtraktionsaufgaben mit Masseangaben in Kommazahlen lösen

1 Bestimme, wie viel deine Schultasche und ihr Inhalt wiegen.

a) Bestimme mit einer Waage, wie viel deine gepackte Schultasche wiegt.

b) Schreibe alle Gegenstände, die du in deiner Schultasche hast, in die Tabelle. Bestimme mit der Waage, wie viel die einzelnen Gegenstände wiegen. Schreibe es dazu.

Gegenstand	Gewicht gewogen	kann zu Hause bleiben
gepackte Schultasche		
leere Schultasche		

2 Nach Empfehlung der Kinderkommission des Deutschen Bundestages sollte deine Schultasche höchstens so schwer sein:

Körpergewicht	Ranzen – Höchstgewicht
18 bis 23 kg	2,2 bis 2,8 kg
24 bis 28 kg	2,9 bis 3,4 kg
29 bis 33 kg	3,5 bis 4,0 kg
34 bis 38 kg	4,1 bis 4,6 kg
39 bis 43 kg	4,7 bis 5,2 kg

a) Überprüfe, ob deine Schultasche zu schwer ist.

b) Überlege, was du zu Hause oder in der Schule lassen kannst, damit deine Tasche leichter wird. Kreuze die Gegenstände in Aufgabe 1 an.

- Gesamtmasse der vollen Schultasche bestimmen
- die Masse von Gegenständen in der Schultasche bestimmen
- überprüfen, ob die Gesamtmasse der Empfehlung entspricht

1 Die beiden Mobiles sind im Gleichgewicht.
Bestimme, wie viel die einzelnen Teile wiegen.

a)

Fisch: ______

Seepferdchen: ______

Tintenfisch: 360 g

Seestern: ______

b)

rote Blume: ______

blaue Blume: ______

gelbe Blume: ______

orange Blume: ______

~~360 g~~ 180 g 120 g 90 g 30 g 30 g 20 g 15 g

2 Berechne, wie schwer die Kinder sind.
Vergleiche dein Vorgehen und deine Ergebnisse
mit denen eines anderen Kindes.
Überlegt gemeinsam, ob die Ergebnisse stimmen können.

a) Tim ist 4 kg schwerer als Sofie.
Zusammen wiegen sie 52 kg.

Tim: ______ kg
Sofie: ______ kg

b) Lea und Maja sind gleich schwer.
Sie wiegen zusammen 54 kg.
Beide sind je 3 kg leichter als Ole.

Lea: ______ kg
Maja: ______ kg
Ole: ______ kg

* Knobelaufgaben zum Ausbalancieren eines Mobiles lösen * **MK:** aus einer Sachaufgabe relevante Informationen entnehmen und berechnen, wie viel die Kinder wiegen
* Ergebnisse mit denen eines anderen Kindes vergleichen und auf Plausibilität prüfen

1 000 Kilogramm sind 1 Tonne.
1 000 kg = 1 t
1 t = 1 000 kg

1 Ordne Tiere und Gewichtsangaben passend zu.

Elefant — Giraffe — Blauwal — Zebra

1 t 600 kg — 5 t — 320 kg — 130 t

2 Ordne die Fahrzeuge nach ihrem Gewicht. Beginne mit dem leichtesten. Trage dazu Nummern in die Kästchen ein.

- ☐ Bus: ungefähr 11 t
- 1. Fahrrad: ungefähr 13 kg
- ☐ E-Bike: ungefähr 22 kg
- ☐ mittelgroßes Auto: ungefähr 1 t 500 kg
- ☐ Kleintransporter: ungefähr 2 t
- ☐ Motorrad: ungefähr 200 kg

3 Ergänze auf 1 t.

a) 400 kg + ______ = 1 000 kg
250 kg + ______ = 1 000 kg
820 kg + ______ = 1 000 kg

b) 700 kg + ______ = 1 t
450 kg + ______ = 1 t
930 kg + ______ = 1 t

⋆ die Masseeinheit t kennenlernen ⋆ Tieren vorgegebene Masseangaben in t und kg passend zuordnen ⋆ Fahrzeuge nach ihrer Masse ordnen
⋆ Masseangaben bis zur vorgegebenen Gesamtmasse ergänzen

D 56

1 Wie rechnest du die Aufgabe 5 · 23?
Begründe deine Wahl einem anderen Kind.

2 Schreibe zu jedem Bild deine Rechenschritte auf.
Löse die Aufgaben.

a)

4 · 31 = ☐
☐ · ☐ = ☐
☐ · ☐ = ☐

b)

5 · 52 = ☐
☐ · ☐ = ☐
☐ · ☐ = ☐

c)

3 · 45 = ☐
☐ · ☐ = ☐
☐ · ☐ = ☐

d)

4 · 28 = ☐
☐ · ☐ = ☐
☐ · ☐ = ☐

e)

3 · 46 = ☐
☐ · ☐ = ☐
☐ · ☐ = ☐

f)

2 · 73 = ☐
☐ · ☐ = ☐
☐ · ☐ = ☐

★ beim schrittweisen Multiplizieren von zweistelligen Zahlen verschiedene Vorgehensweisen nachvollziehen, den eigenen Rechenweg auswählen, **SF:** Wahl begründen
★ mit dem eigenen Rechenweg zweistellige Zahlen schrittweise multiplizieren

3 Löse die Aufgaben. Schreibe deine Rechenschritte auf.

a) 6 · 54 = ___

___ · ___ = ___
___ · ___ = ___

b) 7 · 43 = ___

___ · ___ = ___
___ · ___ = ___

c) 3 · 74 = ___

___ · ___ = ___
___ · ___ = ___

d) 5 · 68 = ___

___ · ___ = ___
___ · ___ = ___

e) 6 · 95 = ___

___ · ___ = ___
___ · ___ = ___

f) 4 · 76 = ___

___ · ___ = ___
___ · ___ = ___

4 Bestimme die Aufgabe, die zu den Teilaufgaben gehört. Berechne die Ergebnisse.

a) ___ · ___ = ___

5 · 20 = ___
5 · 7 = ___

b) ___ · ___ = ___

7 · 8 = ___
7 · 60 = ___

c) ___ · ___ = ___

4 · 70 = ___
4 · 9 = ___

5 Löse die Aufgaben mithilfe der Tauschaufgaben.

5 · 70 = 350
5 · 3 = 15

a) 73 · 5 = 365

70 · 5 = 350
3 · 5 = 15

b) 69 · 4 = ___

___ · ___ = ___
___ · ___ = ___

c) 32 · 9 = ___

___ · ___ = ___
___ · ___ = ___

d) 28 · 7 = ___

___ · ___ = ___
___ · ___ = ___

* zweistellige Zahlen schrittweise multiplizieren und die eigenen Rechenschritte notieren
* zu vorgegebenen Rechenschritten die passende Multiplikationsaufgabe finden

Multiplikationsaufgaben in Aufgabenreihen lösen und ergänzen

1 Löse die Aufgaben.

Schau dir genau an, wie sich die Zahlen verändern.

a)

2 · 84 =	4 · 42 =	8 · 21 =
· =	· =	· =
· =	· =	· =

b)

2 · 96 =	4 · 48 =	8 · 24 =
· =	· =	· =
· =	· =	· =

c)

56 · 2 =	28 · 4 =	14 · 8 =
· =	· =	· =
· =	· =	· =

d)

64 · 2 =	32 · 4 =	16 · 8 =
· =	· =	· =
· =	· =	· =

e) Betrachtet die Aufgaben und Ergebnisse in a) bis d).
Was stellt ihr fest?

2 Ergänze die Aufgabenreihe nach dem Muster in Aufgabe 1 a) und b).

2 · 88 =	4 · 4 =	8 · 2 =
· =	· =	· =
· =	· =	· =

★ zweistellige Zahlen schrittweise multiplizieren und die eigenen Rechenschritte notieren, dabei Aufgabenreihen erkennen ★ Aufgabenreihen nach vorgegebenem Muster ergänzen
★ **MK:** Strukturen erkennen und nutzen

1 Löse die Aufgaben.

a) Rechne wie Meral.

9 · 57	9 · 23	9 · 32
10 · 57 – 1 · 57		
570 – 57 = 513		

b) Rechne wie Ole.

3 · 29	5 · 49	6 · 39
3 · 30 – 3 · 1		
90 – 3 = 87		

c) Rechne wie Max.

4 · 99	3 · 97	7 · 98
4 · 100 – 4 · 1		
400 – 4 = 396		

2 Rechne geschickt. Löse die Aufgaben im Kopf.
Du kannst auch zuerst die Tauschaufgabe bilden.

a)	b)	c)
9 · 35 = ☐	4 · 49 = ☐	3 · 99 = ☐
9 · 25 = ☐	8 · 29 = ☐	4 · 98 = ☐
26 · 9 = ☐	39 · 5 = ☐	98 · 5 = ☐

1 Löse die Aufgaben.
Multipliziere zuerst die markierten Zahlen.

a)
2 · 53 · 5 = ___
5 · 23 · 2 = ___
49 · 2 · 5 = ___

b)
7 · 5 · 14 = ___
18 · 8 · 5 = ___
9 · 5 · 6 = ___

c)
4 · 3 · 25 = ___
7 · 25 · 2 = ___
50 · 4 · 5 = ___

2 Löse die Aufgaben. Rechne geschickt.
Markiere die Zahlen, die du zuerst multiplizierst.

a)
5 · 25 · 2 = ___
17 · 2 · 5 = ___
2 · 7 · 50 = ___

b)
5 · 7 · 4 = ___
6 · 2 · 35 = ___
20 · 9 · 5 = ___

Multipliziere in einer anderen Reihenfolge. So ist es einfacher.

3 Löse die Aufgaben. Rechne geschickt.

a)
2 · 32 · 5 = ___
5 · 2 · 27 = ___
45 · 2 · 5 = ___

b)
5 · 20 · 4 = ___
4 · 8 · 25 = ___
2 · 45 · 0 = ___

* das Assoziativgesetz der Multiplikation kennenlernen und anwenden

1 Die Klasse von Lea und Tim hat bei einem Mal-Wettbewerb 100 Euro gewonnen. Die Kinder überlegen, was sie für die Pausenkiste anschaffen können. Überschlage, welche Anschaffungen möglich sind.

a) 10 Springseile und 1 Fußball

80 € + 17 € = 97 €

möglich

b) 5 Basketbälle und 2 Tischtennis-Sets

c) 1 Pedalroller und 2 Moonhopper

d) 10 Jonglierbälle und 4 Softbälle

e) 4 Moonhopper und 1 Packung Straßenkreide

f) 1 Pedalroller, 4 Tischtennis-Sets und 4 Gummitwists

2 Hier sind drei Aufgaben falsch. Finde sie mithilfe der Überschlagsrechnung.

a) $4 \cdot 23 = 138$

$4 \cdot 20 = 80$, falsch

b) $49 \cdot 5 = 545$

c) $6 \cdot 69 = 414$

d) $8 \cdot 48 = 324$

51 : 3 = ☐

51 : 3 = 17
30 : 3 = 10
21 : 3 = 7

1 Löse die Aufgaben in Schritten.

a)	b)	c)
91 : 7 = ☐	65 : 5 = ☐	78 : 6 = ☐
70 : 7 = 10	50 : 5 = ☐	60 : 6 = ☐
21 : 7 = ☐	15 : 7 = ☐	15 : 6 = ☐

2 Löse die Aufgaben. Zerlege in zwei Teilaufgaben.

a)	b)	c)
64 : 4 = ☐	45 : 3 = ☐	96 : 8 = ☐
40 : 4 = ☐	☐ : ☐ = ☐	☐ : ☐ = ☐
☐ : ☐ = ☐	☐ : ☐ = ☐	☐ : ☐ = ☐

3 Bestimme die Aufgabe, die zu den Teilaufgaben gehört. Berechne die Ergebnisse.

a)	b)	c)
☐ : ☐ = ☐	☐ : ☐ = ☐	☐ : ☐ = ☐
40 : 4 = ☐	50 : 5 = ☐	30 : 3 = ☐
16 : 4 = ☐	35 : 5 = ☐	12 : 3 = ☐

4 Ergänze die fehlenden Zahlen.

a)	b)	c)
68 : ☐ = ☐	48 : ☐ = ☐	96 : ☐ = ☐
40 : ☐ = 10	30 : ☐ = 10	60 : ☐ = 10
☐ : ☐ = ☐	☐ : ☐ = ☐	☐ : ☐ = ☐

★ bei Divisionsaufgaben, deren Quotient einen Zehner hat, Aufgaben lösen, ggf. Rechenschritte finden ★ zu vorgegebenen Rechenschritten die passende Divisionsaufgabe finden ★ beim schrittweisen Dividieren fehlende Zahlen ergänzen

42 : 3 = ___

42 : 3 = 14
30 : 3 = 10
12 : 3 = 4

14 · 3 = 42
10 · 3 = 30
4 · 3 = 12

1 Löse zuerst die Divisionsaufgabe.
Finde die passende Umkehraufgabe und löse sie. Kontrolliere so dein Ergebnis.
Kreise zusammengehörige Kärtchen in der gleichen Farbe ein.

72 : 4 = 18
40 : 4 = 10
32 : 4 = 8

90 : 6 = ___
___ : ___ = ___
___ : ___ = ___

153 : 9 = ___
___ : ___ = ___
___ : ___ = ___

96 : 8 = ___
___ : ___ = ___
___ : ___ = ___

95 : 5 = ___
___ : ___ = ___
___ : ___ = ___

112 : 7 = ___
___ : ___ = ___
___ : ___ = ___

19 · 5 = ___
10 · 5 = 50
9 · 5 = 45

18 · 4 = 72
10 · 4 = 40
8 · 4 = 32

16 · 7 = ___
10 · 7 = 70
6 · 7 = 42

15 · 6 = ___
10 · 6 = 60
5 · 6 = 30

12 · 8 = ___
10 · 8 = 80
2 · 8 = 16

17 · 9 = ___
10 · 9 = 90
7 · 9 = 63

★ bei Divisionsaufgaben, deren Quotient einen Zehner hat, passende Rechenschritte finden und Aufgaben lösen ★ Quotienten mithilfe der Umkehraufgabe kontrollieren

Ich zerlege geschickt. 320 kann ich gut durch 8 dividieren.

10 · 8 = 80
20 · 8 = 160
30 · 8 = 240
40 · 8 = 320
⋮

344 : 8 = ▢

344 : 8 = 43
---
320 : 8 = 40
24 : 8 = 3

1 Löse die Divisionsaufgaben in Schritten.

10 · 4 = 40
20 · 4 = 80
30 · 4 = 120
40 · 4 = 160
50 · 4 = 200
60 · 4 = 240
70 · 4 = 280
80 · 4 = 320
90 · 4 = 360

a) 340 : 4 = ▢
320 : 4 = ▢
20 : 4 = ▢

b) 172 : 4 = ▢
160 : 4 = ▢
12 : 4 = ▢

c) 204 : 4 = ▢
200 : 4 = ▢
4 : 4 = ▢

d) 148 : 4 = ▢
120 : 4 = ▢
28 : 4 = ▢

2 Suche und löse zuerst die Divisionsaufgabe mit der größten Zahl, die du gut dividieren kannst.

10 · 6 = 60
20 · 6 = 120
30 · 6 = 180
40 · 6 = 240
50 · 6 = 300
60 · 6 = 360
70 · 6 = 420
80 · 6 = 480
90 · 6 = 540

a) 144 : 6 = ▢
▢ : 6 = ▢
▢ : 6 = ▢

b) 450 : 6 = ▢
▢ : 6 = ▢
▢ : 6 = ▢

c) 192 : 6 = ▢
▢ : 6 = ▢
▢ : 6 = ▢

d) 378 : 6 = ▢
▢ : 6 = ▢
▢ : 6 = ▢

* Divisionsaufgaben mithilfe des Zehnereinmaleins und des kleinen Einmaleins schrittweise lösen

3 Löse die Aufgaben in Schritten.

a) 477 : 9 = ___
450 : 9 = 50
27 : 9 = ___

b) 205 : 5 = ___
200 : 5 = ___
5 : 5 = ___

c) 472 : 8 = ___
400 : 8 = ___
72 : 8 = ___

4 Löse die Aufgaben in Schritten.
Suche zuerst die Aufgabe aus dem Zehnereinmaleins.

a) 175 : 7 = ___
140 : 7 = ___
___ : ___ = ___

b) 168 : 4 = ___
___ : ___ = ___
___ : ___ = ___

c) 231 : 3 = ___
___ : ___ = ___
___ : ___ = ___

5 Bestimme die Aufgabe, die zu den Teilaufgaben gehört. Berechne die Ergebnisse.

a) ___ : ___ = ___
450 : 5 = ___
40 : 5 = ___

b) ___ : ___ = ___
490 : 7 = ___
63 : 7 = ___

c) ___ : ___ = ___
180 : 3 = ___
15 : 3 = ___

6 Ergänze die fehlenden Zahlen. Kontrolliere mit der Umkehraufgabe.

a) 455 : ___ = ___
___ : 7 = 60
___ : 7 = ___

___ · ___ = ___
___ · ___ = ___
___ · ___ = ___

b) 378 : ___ = ___
360 : ___ = 40
___ : ___ = 2

___ · ___ = ___
___ · ___ = ___
___ · ___ = ___

c) 268 : ___ = ___
___ : 4 = 60
___ : 4 = ___

___ · ___ = ___
___ · ___ = ___
___ · ___ = ___

4 Divisionsaufgaben mit Rest schrittweise lösen und kontrollieren

Ich zerlege geschickt.

86 : 7 = __ R __

86 : 7 = 12 R 2
70 : 7 = 10
16 : 7 = 2 R 2

Ich kontrolliere mit der Umkehraufgabe.

12 · 7 = 84
10 · 7 = 70
2 · 7 = 14

84 + 2 = 86

---

1 Löse zuerst die Divisionsaufgabe.
Finde die passende Umkehraufgabe und löse sie. Kontrolliere so dein Ergebnis.
Kreise zusammengehörige Kärtchen in der gleichen Farbe ein.

72 : 5 = 14 R 2
50 : 5 = 10
22 : 5 = 4 R 2

75 : 6 = __ R __
__ : __ = __
__ : __ = __ R __

77 : 3 = __ R __
__ : __ = __
__ : __ = __ R __

180 : 8 = __ R __
__ : __ = __
__ : __ = __ R __

22 · 8 = 176
20 · 8 = 160
2 · 8 = 16
176 + 4 = __

25 · 3 = 75
20 · 3 = 60
5 · 3 = 15
75 + 2 = __

12 · 6 = 72
10 · 6 = 60
2 · 6 = 12
72 + 3 = __

14 · 5 = 70
10 · 5 = 50
4 · 5 = 20
70 + 2 = 72

* Divisionsaufgaben mit Rest mithilfe des Zehnereinmaleins und des kleinen Einmaleins schrittweise lösen und mithilfe der Umkehraufgabe kontrollieren

1 Bestimme die Aufgabe, die zu den Teilaufgaben gehört. Berechne die Ergebnisse.

a) ☐ : ☐ = ☐ R ☐
60 : 6 = ☐
34 : 6 = ☐ R ☐

b) ☐ : ☐ = ☐ R ☐
70 : 7 = ☐
24 : 7 = ☐ R ☐

c) ☐ : ☐ = ☐ R ☐
60 : 3 = ☐
23 : 3 = ☐ R ☐

d) ☐ : ☐ = ☐ R ☐
360 : 6 = ☐
32 : 6 = ☐ R ☐

2 Ergänze die fehlenden Zahlen.

a) 75 : 4 = ☐ R ☐
☐ : 4 = 10
☐ : 4 = 8 R 3

b) ☐ : 5 = ☐ R ☐
☐ : 5 = 10
☐ : 5 = 6 R 1

c) ☐ : 2 = 47 R ☐
☐ : 2 = ☐
15 : 2 = 7 R 1

d) ☐ : 5 = 55 R ☐
☐ : 5 = ☐
27 : 5 = ☐ R ☐

3 Finde die passende Aufgabe und löse sie.

☐ : ☐ = ☐ R ☐
☐ : ☐ = ☐
☐ : ☐ = ☐ R ☐

★ zu vorgegebenen Rechenschritten die passende Divisionsaufgabe mit Rest finden
★ bei Divisionsaufgaben mit Rest fehlende Zahlen ergänzen ★ zu Zahlenrätsel passende Divisionsaufgabe mit Rest finden und lösen

1 Löse die Aufgaben in Schritten.

a) 5 · 32 = □
□ · □ = □
□ · □ = □

b) 6 · 72 = □
□ · □ = □
□ · □ = □

c) 4 · 36 = □
□ · □ = □
□ · □ = □

d) 84 : 7 = □
□ : □ = □
□ : □ = □

e) 72 : 4 = □
□ : □ = □
□ : □ = □

f) 81 : 3 = □
□ : □ = □
□ : □ = □

2 Löse zuerst die Divisionsaufgabe. Finde die passende Umkehraufgabe.
Kreise zusammengehörige Kärtchen in der gleichen Farbe ein.

42 : 3 = 14
30 : 3 = 10
12 : 3 = 4

96 : 4 = □
□ : □ = □
□ : □ = □

96 : 6 = □
□ : □ = □
□ : □ = □

78 : 6 = □
□ : □ = □
□ : □ = □

75 : 3 = □
□ : □ = □
□ : □ = □

84 : 3 = □
□ : □ = □
□ : □ = □

16 · 6 = 96
10 · 6 = 60
6 · 6 = 36

14 · 3 = 42
10 · 3 = 30
4 · 3 = 12

28 · 3 = 84
20 · 3 = 60
8 · 3 = 24

24 · 4 = 96
20 · 4 = 80
4 · 4 = 16

13 · 6 = 78
10 · 6 = 60
3 · 6 = 18

25 · 3 = 75
20 · 3 = 60
5 · 3 = 15

★ zweistellige Zahlen schrittweise multiplizieren und die eigenen Rechenschritte notieren ★ Divisionsaufgaben mithilfe des Zehnereinmaleins und des kleinen Einmaleins schrittweise lösen ★ Divisionsaufgaben die jeweils passende Umkehraufgabe zuordnen

3 · 15 < 50
3 · 15 > 35

3 · 15 = 45

Bei **Ungleichungen** ist eine Seite **kleiner** oder **größer** als die andere.
Man verwendet die Zeichen < oder >.

Bei **Gleichungen** sind beide Seiten **gleich**.
Man verwendet das Zeichen =.

1 Löse die Aufgaben. Setze die Zeichen <, > oder = passend ein.

a) 4 · 12 (>) 42
6 · 21 ◯ 130

b) 75 : 5 ◯ 15
96 : 8 ◯ 9

c) 120 · 4 ◯ 580
110 · 6 ◯ 660

2 Löse die Aufgaben. Setze passende Zahlen ein.

a) 3 · 13 = 39
3 · 13 > ☐
3 · 13 < ☐

b) 85 : 5 = ☐
85 : 5 > ☐
85 : 5 < ☐

c) 720 : 8 = ☐
720 : 8 > ☐
720 : 8 < ☐

3 Setze passende Zahlen ein.

a) 5 · 20 = 100
5 · ☐ > 100
5 · ☐ < 100

b) ☐ · 31 = 124
☐ · 31 > 124
☐ · 31 < 124

c) ☐ : 6 = 60
☐ : 6 > 60
☐ : 6 < 60

4 Löse die Aufgaben. Setze die Zeichen <, > oder = passend ein.

a) 5 · 16 (<) 7 · 16
3 · 15 ◯ 4 · 13

b) 3 · 21 ◯ 2 · 24
4 · 25 ◯ 5 · 20

c) 36 : 9 ◯ 36 : 4
240 : 3 ◯ 320 : 4

5 Setze die passenden Zahlen ein.

a) 2 · 14 = 1 · 28
6 · 15 = ☐ · 30

b) 4 · 80 = ☐ · 40
3 · 40 = ☐ · 20

c) 240 : 4 = ☐ : 8
160 : 2 = ☐ : 4

* **SF:** die Definition von „Gleichung" und „Ungleichung" kennenlernen
* in Gleichungen und Ungleichungen <, >, = oder passende Zahlen ergänzen
* **MK:** Muster und Strukturen in Aufgaben erkennen

On	„On“: schaltet den Taschenrechner ein
OFF	„Off“: schaltet den Taschenrechner aus
C	„Clear“: löscht die Rechnung
CE	„Clear entry“: löscht die letzte Eingabe
×	multipliziert die angezeigte Zahl
÷	dividiert die angezeigte Zahl
+	addiert zur angezeigten Zahl
−	subtrahiert von der angezeigten Zahl
=	zeigt das Ergebnis an
,	setzt ein Komma

Die übrigen Tasten benötigst du erst in den folgenden Schuljahren.

1 Vergleicht die Tasten eines Taschenrechners mit den Tasten eines Handytaschenrechners.

2 Nutze die Tastatur für Versuche.

a) Tippe zunächst verschiedene Zahlen ein. Lösche sie immer wieder mit der Taste C.

b) Wie viele Ziffern kann dein Taschenrechner höchstens anzeigen? Was geschieht, wenn du noch mehr Ziffertasten drückst?

c) Löse mit deinem Taschenrechner diese einfachen Aufgaben:

Aufgabe	Tastenfolge
$4 + 3 =$ ☐	4 + 3 =
$17 - 8 =$ ☐	1 7 − 8 =
$5 \cdot 6 =$ ☐	5 × 6 =
$15 : 3 =$ ☐	1 5 ÷ 3 =
$1{,}5 + 0{,}5 =$ ☐	1 , 5 + 0 , 5 =

* MK: die Funktion der Tasten beim Taschenrechner kennenlernen
* MK: verschiedene Taschenrechner vergleichen
* MK: einfache Aufgaben mit dem Taschenrechner lösen

1 Löst die Aufgaben im Kopf, schriftlich oder mit dem Taschenrechner.
Begründet jeweils eure Wahl.

a) 120 + 340
250 + 324
395 + 280

b) 5 · 7
3 · 50
4 · 43

c) 860 – 240
925 – 180
799 – 210

d) 36 : 4
400 : 5
216 : 3

2 Löse die Aufgaben im Kopf oder schriftlich.
Kontrolliere deine Ergebnisse mit dem Taschenrechner.

a) 438 + 7 = ▢
567 + 170 = ▢

b) 2 · 84 = ▢
4 · 48 = ▢

c) 532 – 5 = ▢
623 – 280 = ▢

d) 63 : 3 = ▢
56 : 4 = ▢

3 Überschlage zuerst.
Löse die Aufgaben dann mit dem Taschenrechner.

a) 3,48 € + 2,53 € = ▢
Ü: 3,50 € + ____

b) 0,65 € · 4 = ▢
Ü: ____

c) 2,45 € · 5 = ▢
Ü: ____

4 Rechne im Kopf oder schriftlich und anschließend mit dem Taschenrechner.
Überprüfe, ob dein Taschenrechner die Punkt-vor-Strich-Regel beachtet.

a) 460 – 70 : 10 = 453
4 · 30 + 8 · 40 = 440
150 : 30 + 520 = 525

b) 3 · 250 – 500 = 250
4 · 150 – 3 · 20 = 540
500 : 50 + 200 : 40 = 15

★ im Kopf, schriftlich oder mit Taschenrechner rechnen, Weg wählen, Wahl begründen
★ Aufgaben lösen, mit dem Taschenrechner kontrollieren ★ mit dem Taschenrechner mit Kommazahlen rechnen ★ **MK:** prüfen, ob Taschenrechner Punkt-vor-Strich-Regel beachten

D 59

5 Geldbeträge bis 1 000 € bestimmen und zusammenstellen

1 Bestimme die Geldbeträge.

a) 

550 €

b) 

c) 

d) 

322 € 70 ct

e) 

f) 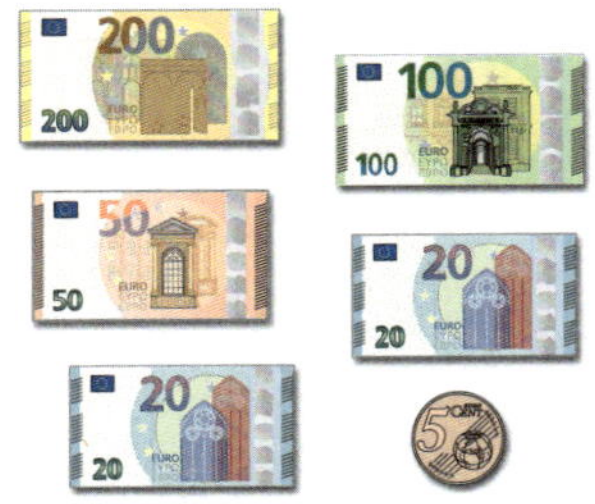

2 Lege die Geldbeträge. Zeichne ein, wie du gelegt hast.

a) 420 €

b) 175 €

c) 604 € 45 ct

d) 565 € 30 ct

€
B

- alle Geldscheine und Münzen bis 1000 Euro kennenlernen
- mit Münzen und Scheinen dargestellte Geldbeträge bis 1000 Euro bestimmen
- Geldbeträge zusammenstellen und zeichnen

3 Finde passende Scheine und Münzen.

a) 200 € 100 € 50 € 20 € — 370 €

b) 662 €

c) 465 € 20 ct

d) 276 € 65 ct

4 Lege die einzelnen Beträge einmal mit drei, einmal mit vier und einmal mit fünf Scheinen. Zeichne ein, wie du gelegt hast.

a) 500 €

b) 350 €

5 Betrachte Kataloge und Prospekte.
Schreibe auf, was du kaufen könntest ...

a) ... mit 1 000 €.

b) ... mit 500 €.

c) ... mit 200 €.

d) ... mit 750 €.

Seite 49 Aufgabe 5
a) mit 1000 €: ...
b) ...

8 € 35 ct
8,35 €
835 ct

acht Euro fünfunddreißig

Das Komma trennt Euro und Cent.

1 Immer drei Kärtchen gehören zusammen. Umrande.

7€ 5 ct	6€ 15 ct	0€ 95 ct	3€ 50 ct
3,50 €	0,95 €	7,05 €	6,15 €
615 ct	705 ct	350 ct	95 ct

2 Wandle die Centbeträge (ct) in Euro (€) um. Schreibe mit Kommazahlen.

a) 408 ct = *4,08 €* b) 395 ct = ______ c) 725 ct = ______

3 Schreibe die Geldbeträge mit Kommazahlen.

a) 82 € 50 ct = *82,50 €* b) 6 € 8 ct = ______ c) 79 ct = ______

4 Wandle die Eurobeträge (€) in Cent (ct) um.

a) 8,20 € = *820 ct* b) 4,15 € = ______ c) 0,25 € = ______

5 Wandle um. Ergänze die Tabelle.

712 ct		630 ct	8 ct	
7€ 12 ct	9€ 85 ct		0€ 8 ct	4€ 5 ct
7,12 €	9,85 €	6,30 €		4,05 €

AH 61

★ unterschiedliche Notationsformen für Geldbeträge kennenlernen
★ die Kommaschreibweise bei der Notation von Geldbeträgen in Euro und Cent kennenlernen
★ Geldbeträge auf unterschiedliche Weise notieren

Geldbeträge vergleichen, ordnen und ergänzen

1 Vergleiche die Geldbeträge. Setze die Zeichen <, > oder = passend ein.

a) 13 € 45 ct (<) 45 € 13 ct
37 € 70 ct ( ) 37 € 7 ct

b) 0 € 50 ct ( ) 0,05 €
4 € 99 ct ( ) 4,99 €

c) 3 € 72 ct ( ) 372 ct
5 € 48 ct ( ) 584 ct

d) 895 ct ( ) 8,59 €
125 ct ( ) 2,15 €

2 Ordne die Geldbeträge.
Schreibe die Beträge in Kommaschreibweise der Größe nach geordnet auf.

a) Beginne mit dem kleinsten Betrag.

15,42 € | 107 € 60 ct | 867 ct | ~~7,40 €~~

7,40 € < ____________________

b) Beginne mit dem größten Betrag.

205 ct | 3 € 80 ct | 405 € | 3,08 €

____

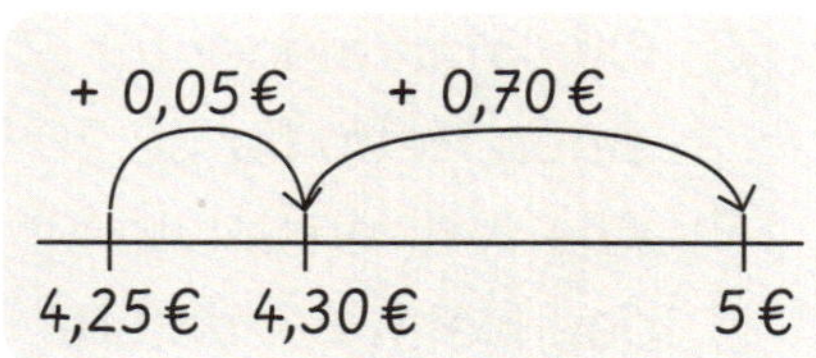

3 Ergänze zum nächsten vollen Euro-Betrag.

a) 4,25 € + 0,75 € = 5 €
0,15 € + ________ = 1 €
2,05 € + ________ = 3 €

b) 9,99 € + ________ = ________
3,10 € + ________ = ________
0,01 € + ________ = ________

c) 1,10 € – 0,10 € = 1 €
3,05 € – ________ = 3 €
10,85 € – ________ = 10 €

d) 2,99 € – ________ = ________
4,01 € – ________ = ________
6,47 € – ________ = ________

★ Geldbeträge in verschiedenen Notationsformen vergleichen und ordnen
★ Geldbeträge in Kommaschreibweise bis zum nächsten vollen Euro ergänzen (Addition und Subtraktion)

Geldbeträge in Kommaschreibweise addieren

1 Betrachte die Rechenwege der Kinder.
Wie rechnest du?
Besprich deine Überlegungen mit einem anderen Kind.

2 Löse die Aufgaben.
Addiere schriftlich oder in Schritten.

a) 4,25 € + 2,10 € = ▢   b) 7,35 € + 5,55 € = ▢

c) 16,29 € + 0,58 € = ▢   d) 3,65 € + 5,80 € = ▢

Seite 52 Aufgabe 2
a) ...

3 Berechne den Gesamtpreis.
Addiere schriftlich oder in Schritten.

Seite 52 Aufgabe 3
a) R: ...
⋮
b) ...

a)
G: Ole kauft Inliner für 52,50 Euro und einen Helm für 38,90 Euro.
F: Wie viel muss Ole für die Inliner und den Helm bezahlen?
R: ▢
A: Ole muss insgesamt ▢ Euro bezahlen.

b)
G: Sofie kauft einen Basketballkorb für 68,90 Euro und einen Basketball für 13,50 Euro.
F: Wie viel muss Sofie für den Basketballkorb und den Basketball bezahlen?
R: ▢
A: Sofie muss insgesamt ▢ Euro bezahlen.

★ beim Addieren von Geldbeträgen in Kommaschreibweise verschiedene Vorgehensweisen nachvollziehen, den eigenen Rechenweg wählen, **SF:** Auswahl begründen ★ Geldbeträge in Kommaschreibweise addieren ★ Rechenwege in Sachsituationen anwenden

1 Betrachte die Rechenwege der Kinder.
Wie rechnest du?
Besprich deine Überlegungen mit einem anderen Kind.

2 Löse die Aufgaben.
Subtrahiere schriftlich oder in Schritten.

a) 8,95 € – 5,40 € = ▢ b) 14,65 € – 6,25 € = ▢

c) 20,00 € – 3,20 € = ▢ d) 37,50 € – 6,90 € = ▢

Seite 53 Aufgabe 2
a) ...

3 Berechne, wie viel Geld die Kinder übrig haben.
Subtrahiere schriftlich oder in Schritten.

a)
G: Lisa hat 90 Euro. Sie kauft sich einen Alu-Scooter für 74,90 Euro.
F: Wie viel Geld hat Lisa übrig?
R: ▢
A: Lisa hat ▢ Euro übrig.

Seite 53 Aufgabe 3
a) R: ...
⋮
b) ...

b)
G: Paul hat 20 Euro. Er kauft sich einen Flugdrachen für 13,80 Euro.
F: Wie viel Geld hat Paul übrig?
R: ▢
A: Paul hat ▢ Euro übrig.

★ beim Subtrahieren von Geldbeträgen in Kommaschreibweise verschiedene Vorgehensweisen nachvollziehen, den eigenen Rechenweg wählen, **SF:** Auswahl begründen ★ Geldbeträge in Kommaschreibweise subtrahieren ★ Rechenwege in Sachsituationen anwenden

1 Betrachte die Rechenwege der Kinder.
Wie rechnest du?
Besprich deine Überlegungen mit einem anderen Kind.

2 Löse die Aufgaben.
Notiere deine Rechenschritte.

a) 2 · 0,40 € = ▢ b) 5 · 4,10 € = ▢

c) 4 · 3,20 € = ▢ d) 3 · 2,50 € = ▢

Seite 54 Aufgabe 2
a) ...

3 Berechne die Preise
für folgende Einkäufe
am Blumenstand.
Notiere deine Rechenschritte.

a) G: Tobi kauft:

F: Wie viel muss Tobi bezahlen?
R: ▢
A: Tobi muss ▢ Euro bezahlen.

Seite 54 Aufgabe 3
a) R: ...
⋮
b) ...

b) G: Maja kauft:

F: Wie viel muss Maja bezahlen?
R: ▢
A: Maja muss ▢ Euro bezahlen.

★ beim Multiplizieren von Geldbeträgen in Kommaschreibweise verschiedene Vorgehensweisen nachvollziehen, den eigenen Rechenweg wählen, **SF:** Auswahl begründen ★ Geldbeträge in Kommaschreibweise multiplizieren ★ Rechenwege in Sachsituation anwenden

Geldbeträge in Kommaschreibweise dividieren

1 Betrachte die Rechenwege der Kinder.
Überlege, wann welcher Weg günstiger ist.
Besprich deine Überlegungen mit einem anderen Kind.

2 Löse die Aufgaben.
Notiere deine Rechenschritte.

a) 3,50€ : 5 = ▢ b) 9,30€ : 3 = ▢

c) 2,25€ : 3 = ▢ d) 4,80€ : 4 = ▢

Seite 55 Aufgabe 2
a) ...

3 Berechne die Einzelpreise von vier Angeboten.
Notiere deine Rechenschritte.

Seite 55 Aufgabe 3
...

5 Passende Fragen, Rechnungen und Antworten finden

1 Finde zu jeder Rechengeschichte (G) eine Rechnung (R) und die Antwort (A).

a) G: Janek kauft drei Päckchen mit Sammelkarten. Jedes Päckchen kostet 3,20 Euro.
F: Wie viel muss er bezahlen?

Seite 56 Aufgabe 1
a) R: ...
A: ...
b) ...

b) G: Lisa kauft ein Buch für 7,50 Euro und Briefpapier für 3,40 Euro.
F: Wie viel muss sie bezahlen?

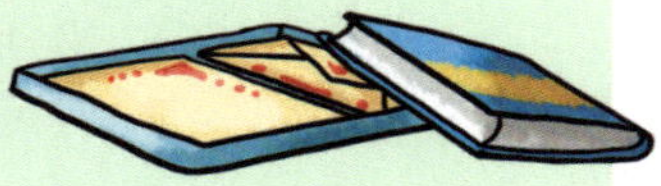

c) G: Sofie kauft einen CD-Player im Sonderangebot für 35 Euro. Der bisherige Preis war 68,90 Euro.
F: Wie viel hat sie gespart?

2 G: Tim will bei seinem Kindergeburtstag basteln. Er kauft Pinsel für 3,20 Euro, bunte Pappe für 5,10 Euro und Klebestifte für 4,60 Euro. Seine Oma gibt ihm für den Einkauf 15 Euro.

a) Kreuze nur die Fragen (F) an, die du beantworten kannst.

- ◯ F1: Wie viel muss Tim bezahlen?
- ◯ F2: Reicht das Geld von seiner Oma?
- ◯ F3: Wie viele Pinsel kauft Tim?
- ◯ F4: Was kauft Tim ein?
- ◯ F5: Wann hat Tim Geburtstag?
- ◯ F6: Wie viel bekommt Tim zurück?
- ◯ F7: Wen hat Tim eingeladen?
- ◯ F8: Was bastelt Tim?
- ◯ F9: Kann Tim von dem Geld noch zwei Filzstifte für je 1,20 Euro kaufen?

b) Finde die Antwort (A) auf die Frage F1.
Notiere deine Rechnung (R).
Beantworte noch mindestens eine weitere Frage aus a).

Seite 56 Aufgabe 2
b) F1: R: ...
A: ...
⋮

★ zu Rechengeschichten passende Rechnungen finden und lösen
★ zu einer vorgegebenen Rechengeschichte passende Fragen auswählen, Rechnungen und Antworten finden

1 Setze die Kärtchen jeweils zu einer Rechengeschichte zusammen. Schreibe die Buchstaben in der richtigen Reihenfolge auf. Ergänze die Rechnung (R) und den Antwortsatz (A).

Seite 57 Aufgabe 1
a) E – D – ...
R: ...
A: ...
b) ...

a)
- A Er bezahlt mit zwei Scheinen.
- B Er erhält 5,15 Euro zurück.
- C Wie hat er bezahlt?
- D Sie kosten 14,85 Euro.
- E Patrick kauft Bildkarten.

b)
- A Sie muss noch 39,40 Euro sparen.
- B Es kostet 219,90 Euro.
- C Wie viel Geld hat sie schon?
- D Mai-Lin möchte ein Fahrrad kaufen.

2

	Kaufpreis	bezahlt	bekommt zurück
Milo May	89,70 €	100 €	
Aylin Deniz		200 €	24,20 €
Bo Beyer	36,50 €		13,50 €

Schreibe zu jeder Zeile der Tabelle eine Rechengeschichte (G). Dabei kannst du folgende Fragen (F) verwenden:

- F: Wie viel Geld bekommt Milo May zurück?
- F: Wie hoch ist der Kaufpreis?
- F: Mit welchem Geldschein bezahlt Bo Beyer?

Seite 57 Aufgabe 2
G: ...
F: ...
R: ...
A: ...

Schreibe die passende Rechnung (R) und Antwort (A) auf.
Prüfe zum Schluss, ob Frage, Rechnung und Antwort zusammenpassen.

★ SF: Teile einer Rechengeschichte folgerichtig zusammensetzen, Rechnungen und Antworten ergänzen
★ zu in einer Tabelle dargestellten Informationen Rechengeschichten finden und lösen

1 Aus den Karten kannst du lustige Clowns zusammenstellen.

a) Vervollständige die Baumdiagramme.
Benutze dabei statt der Bilder die Zahlen und Buchstaben auf den Karten.

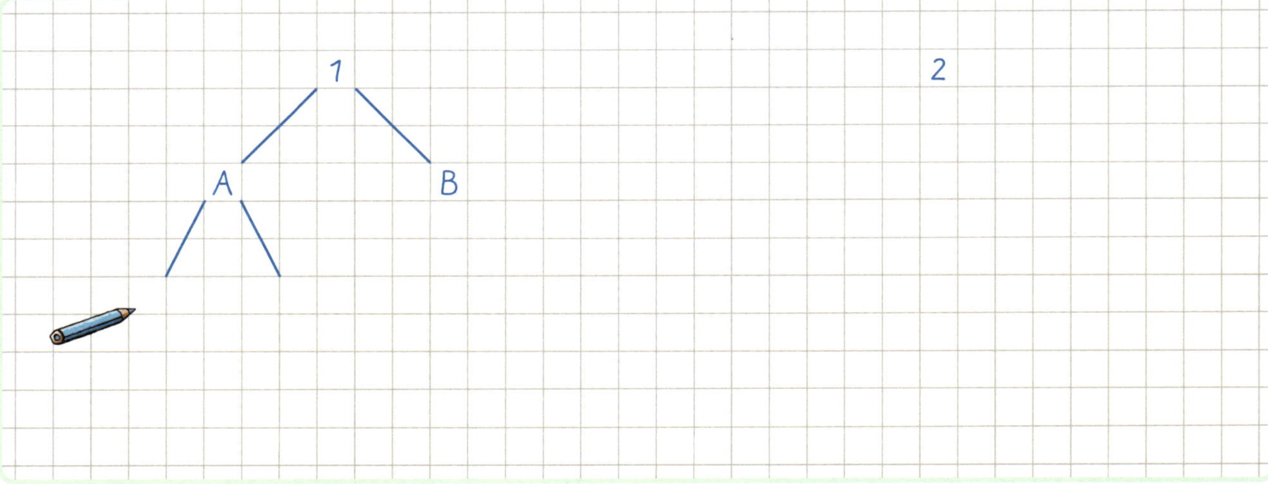

b) Lies die Anzahl der Möglichkeiten an den Diagrammen ab.
Es gibt ☐ Möglichkeiten.

c) Entscheide, welche Rechnung die Anzahl der Möglichkeiten darstellt.
Umrande.
Besprich deine Entscheidung mit einem anderen Kind.

$2 \cdot 2 + 2$ $2 \cdot 2 \cdot 2$ $2 + 2 \cdot 2$ $2 + 2 + 2$

★ beim Finden aller Möglichkeiten mithilfe eines Baumdiagramms systematisch vorgehen ★ Anzahl der Möglichkeiten erkennen und Rechnung zum Finden aller Möglichkeiten auswählen

1 Es gibt verschiedenfarbiges Geschirr:
Teller: rot und blau Untertassen: gelb und grün Tassen: lila und orange

a) Kreuze das passende Baumdiagramm an.

○ 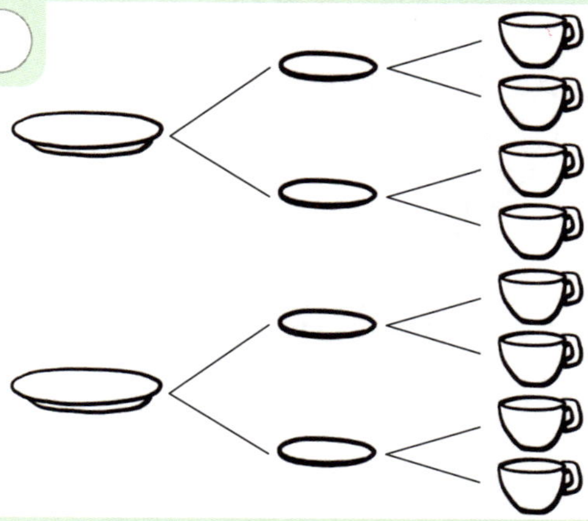

8 Möglichkeiten

○ 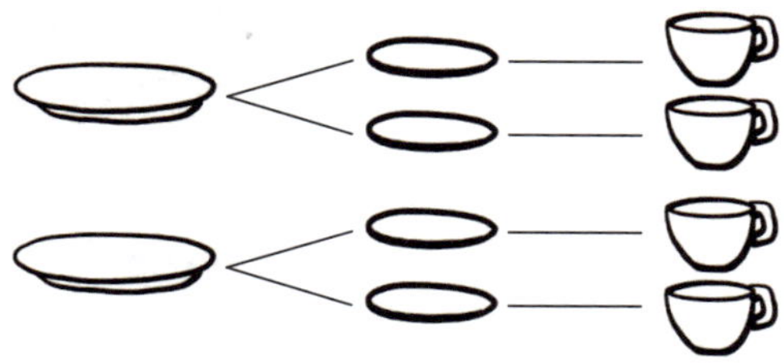

4 Möglichkeiten

b) Überprüfe deine Lösung in a).
Male dazu die Teller und Tassen in der richtigen Farbe aus.

2 In der Schule wird ein kleines Fußballturnier veranstaltet. Vier Gruppen nehmen teil: A, B, C und D. Alle sollen jeweils nur einmal gegeneinander spielen.
Wählt die beiden passenden Skizzen aus und bestimmt die Anzahl der Spiele.
Begründet eure Wahl.

○

	A	B	C	D
A		×	×	×
B	×		×	×
C	×	×		×
D	×	×	×	

☐ Spiele

○

	A	B	C	D
A		×	×	×
B			×	×
C				×
D				

☐ Spiele

○ 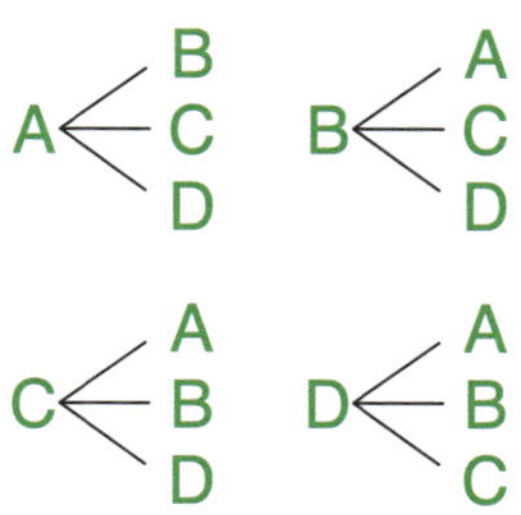

☐ Spiele

○ 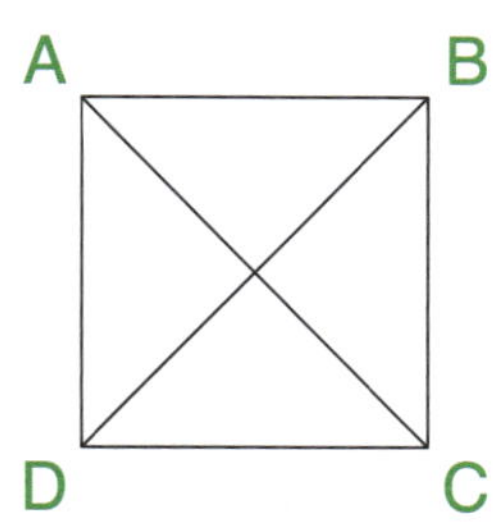

☐ Spiele

sicher
möglich
unmöglich

1 Paul nimmt mit verbundenen Augen vier Murmeln aus dem Glas.
Entscheide, ob die Aussage sicher, möglich oder unmöglich ist.

	sicher	möglich	unmöglich
Alle vier Murmeln sind gelb.	○	X	○
Drei Murmeln sind rot und eine ist blau.	○	○	○
Alle vier Murmeln sind rot.	○	○	○
Zwei Murmeln sind rot und zwei sind gelb.	○	○	○
Mindestens eine Murmel ist gelb.	○	○	○

2 Jetzt nimmt Paul sechs Murmeln aus diesem Glas.
Entscheide, ob die Aussagen richtig oder falsch sind.

	richtig	falsch
Es ist sicher, dass alle sechs Murmeln rot sind.	○	X
Es ist möglich, dass alle sechs Murmeln rot sind.	○	○
Es ist sicher, dass eine der sechs Murmeln rot ist.	○	○
Es ist möglich, dass drei Murmeln gelb sind.	○	○
Es ist unmöglich, dass zwei Murmeln blau sind.	○	○

* die Wahrscheinlichkeit von Handlungsergebnissen bewerten
* Aussagen prüfen

Die Ergebnisse verschiedener Glücksräder einschätzen

Ein Glücksrad hat verschiedene Felder.
Es wird gedreht und bleibt irgendwann stehen.
Eine Markierung zeigt dann auf ein Feld.

1 Ergänze die Aussagen. Verwende die Begriffe sicher, möglich und unmöglich.

a)

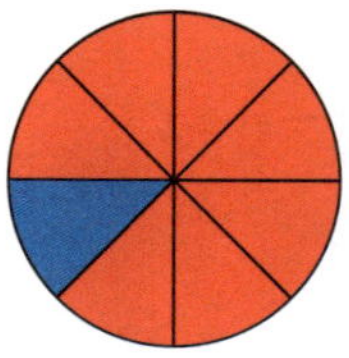

Dass Rot gewinnt,
ist möglich .
Dass Blau gewinnt,
ist ______ .

b)

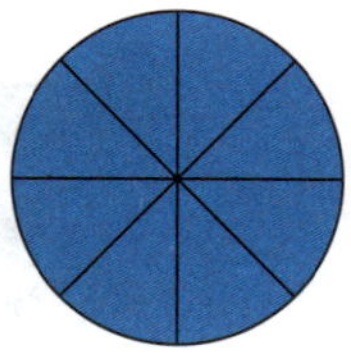

Dass Rot gewinnt,
ist ______ .
Dass Blau gewinnt,
ist ______ .

c)

Dass Rot gewinnt,
ist ______ .
Dass Blau gewinnt,
ist ______ .

2 Ordne zu.

Die Chance, dass Rot gewinnt, ist größer als die Chance, dass Blau gewinnt.

Die Chance, dass Rot gewinnt, ist kleiner als die Chance, dass Blau gewinnt.

Die Chance, dass Rot gewinnt, ist genauso groß wie die Chance, dass Blau gewinnt.

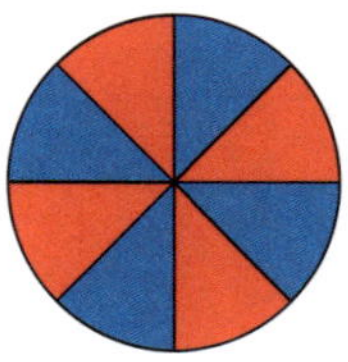

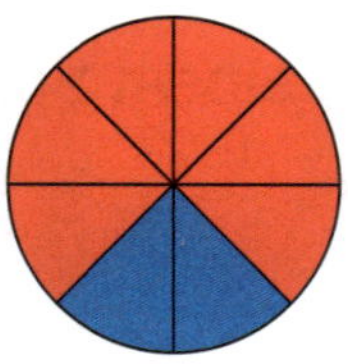

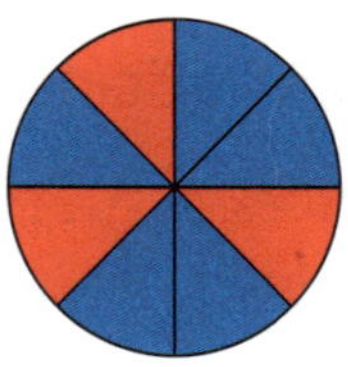

3 Male das Glücksrad aus.

Rot hat eine große Chance, zu gewinnen.

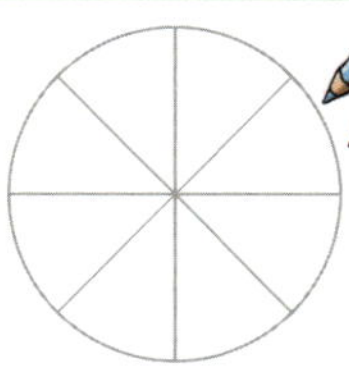

★ die Funktionsweise eines Glücksrads kennenlernen ★ bei unterschiedlich eingefärbten Glücksrädern die Wahrscheinlichkeit der Gewinnchancen einschätzen ★ vorgegebenen Gewinnchancen passende Glücksräder zuordnen und zeichnen

AH 64

1 Suche dir ein anderes Kind.
Würfelt mindestens 50-mal mit zwei Würfeln.
Bildet jeweils die Summe der gewürfelten Zahlen.
Notiert eure Ergebnisse in Form einer Strichliste.

Summe der Augenzahlen	Anzahl der Würfe

2 Ermittle, welche Summen beim Würfeln mit zwei Würfeln entstehen können.

a) Fülle die Tabelle aus.

+	⚀	⚁	⚂	⚃	⚄	⚅
⚀	2	3	4			
⚁	3	4				
⚂						
⚃						
⚄						
⚅						

b) Stelle deine Ergebnisse aus a) in einem Säulendiagramm dar.

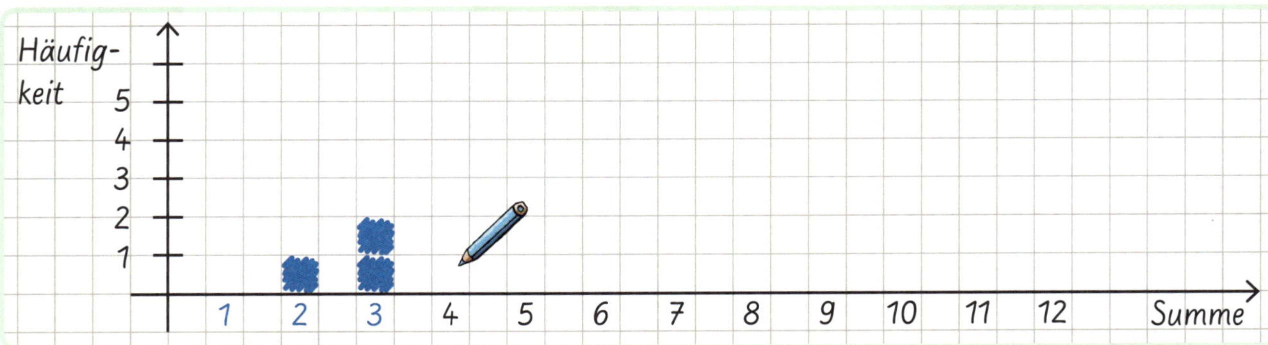

c) Betrachte mit einem anderen Kind das Säulendiagramm.
Besprecht, was euch auffällt. Sucht Begründungen.

D 66

★ einfaches Zufallsexperiment durchführen, Ergebnisse tabellarisch und im Säulendiagramm auswerten und begründen

Einstern leicht gemacht 3

Themenheft 4

- Multiplikation und Division
- Gewichte · Geld
- Kombinatorik und Wahrscheinlichkeit

Erarbeitet von: Roland Bauer und Jutta Maurach
Redaktion: Agnetha Heidtmann, Friederike Thomas, Sophie Yurdakul
Illustration: Yo Rühmer
Grafiken (Scheine und Münzen): Christine Wächter
Umschlaggestaltung: Cornelia Gründer, agentur corngreen, Leipzig
Layout: lernsatz.de
technische Umsetzung: Reemers Publishing Services GmbH
Bildquellen: **S. 48 Euroscheine:** Cornelsen/Christine Wächter/Deutsche Bundesbank; **Euro- und Centmünzen-Wertseite:** Cornelsen/Christine Wächter/Deutsche Bundesbank/Luc Luycx aus Belgien.
Textquelle: **S. 29 Empfehlung der Kinderkommission des Deutschen Bundestages zum Ranzenhöchstgewicht:** zitiert nach https://www.yumpu.com/de/document/read/610502/so-packe-ich-den-ranzen-richtig-hinweise-fur-schuler-eltern-und- (Abruf 08.06.2022), aus didaktischen Gründen verändert

Begleitmaterialien für Lernende der dritten Klasse

Einstern 3 Paket Verbrauchsmaterial	978-3-06-084736-5
Einstern 3 Paket *leicht gemacht* Verbrauchsmaterial	978-3-06-084742-6
Einstern 3 Arbeitsheft	978-3-06-084759-4
Einstern 3 Übungssternchen	978-3-06-084733-4
Einstern 3 BuchTaucher-App	978-3-06-084764-8
Einstern 3 interaktive Übungen	978-3-06-084769-3

www.cornelsen.de

1. Auflage, 1. Druck 2022

Alle Drucke dieser Auflage sind inhaltlich unverändert und können im Unterricht nebeneinander verwendet werden.

© 2022 Cornelsen Verlag GmbH, Berlin

Das Werk und seine Teile sind urheberrechtlich geschützt. Jede Nutzung in anderen als den gesetzlich zugelassenen Fällen bedarf der vorherigen schriftlichen Einwilligung des Verlages. Hinweis zu §§ 60 a, 60 b UrhG: Weder das Werk noch seine Teile dürfen ohne eine solche Einwilligung an Schulen oder in Unterrichts- und Lehrmedien (§ 60 b Abs. 3 UrhG) vervielfältigt, insbesondere kopiert oder eingescannt, verbreitet oder in ein Netzwerk eingestellt oder sonst öffentlich zugänglich gemacht oder wiedergegeben werden. Dies gilt auch für Intranets von Schulen.

Druck: Athesiadruck GmbH

ISBN 978-3-06-084726-6

PEFC
PEFC/18-31-166
PEFC zertifiziert
Dieses Produkt stammt aus nachhaltig bewirtschafteten Wäldern und kontrollierten Quellen.
www.pefc.de

Vorschläge für Plenumsphasen zum vertiefenden Erwerb prozessbezogener Kompetenzen

S. 4	Kinder beschreiben anhand von Beispielen, wie aus den Kernaufgaben die Lösungen weiterer Multiplikationsaufgaben erschlossen werden können; sie benennen auch Kriterien guter Beschreibungen
S. 7	Kinder begründen anhand von Beispielen, warum ein Rest bei der Division kleiner sein muss als der Divisor
S. 8	Kinder lösen Aufgaben mit und ohne Beachtung der Punkt-vor-Strich-Regel und vergleichen die Ergebnisse
S. 13/14	Kinder beschreiben anhand von Beispielen, wie verwandte Aufgaben bei der Multiplikation und Division mit Zehnerzahlen als Rechenhilfe genutzt werden können
S. 18	Kinder stellen ihre selbst erfundenen Zahlenrätsel vor und überprüfen diese auf Plausibilität
S. 32/36	Kinder stellen ihre Rechenschritte vor, vergleichen und bewerten unterschiedliche Vorgehensweisen
S. 35	Kinder beschreiben anhand von Beispielen den Nutzen von Nachbaraufgaben beim geschickten Rechnen
S. 37	Kinder beschreiben Möglichkeiten und Grenzen der Fehlersuche mithilfe der Überschlagsrechnung
S. 49	Kinder stellen ihre gefundenen Repräsentanten für unterschiedliche Geldbeträge vor
S. 54	Kinder nutzen und vergleichen unterschiedliche Vorgehensweisen beim Multiplizieren von Geldbeträgen in Kommaschreibweise, sie erkennen dabei die Grenzen des Rechnens mit Centbeträgen im Zahlenraum bis 1000
S. 55	Kinder vergleichen und bewerten unterschiedliche Vorgehensweisen beim Dividieren von Geldbeträgen in Kommaschreibweise
S. 58	Kinder stellen anhand von Baumdiagrammen die Anzahl aller Kombinationsmöglichkeiten und passende rechnerische Lösungen vor
S. 60	Kinder beschreiben Ergebnisse einfacher Zufallsexperimente, sie leiten daraus Vermutungen für Ergebnisse bei veränderten Bedingungen ab
S. 61	Kinder stellen ihre selbst gezeichneten Glücksräder vor und vergleichen diese im Hinblick auf Gewinnchancen

Vorschläge für die Förderung von Medienkompetenz

S. 11	Kinder erstellen eine Merktafel zu Fachbegriffen der Multiplikation und Division
S. 16	Kinder recherchieren selbst Beispiele zum Multiplizieren und Dividieren mit Zehnerzahlen und präsentieren diese
S. 18	Kinder erstellen eine (digitale) Sammlung/ein Buch für die Klasse mit selbst verfassten Zahlenrätseln
S. 19	Kinder erstellen eine (digitale) Sammlung/ein Buch mit den von den Kindern selbst verfassten Rechengeschichten
S. 21	Kinder erstellen Pfeilbilder am PC
S. 22	Kinder recherchieren im Internet/in Büchern nach weiteren Waagen und ihren Einsatzmöglichkeiten und präsentieren diese unter Angabe ihrer Quellen
S. 26	Kinder recherchieren im Internet/in Büchern selbst ein Rezept und berechnen die Mengen der Zutaten
S. 58	Kinder erstellen Baumdiagramme am PC
S. 62	Kinder suchen und verwenden für das Würfeln mit mehreren Würfeln digitale Würfeltools; Kinder erkunden digitale Zeichen-/Schreibprogramme und prüfen, ob und wie sie mit diesen Tabellen und Diagramme erstellen können

Synopse zu den Medienkompetenzbereichen

Suchen, Verarbeiten und Aufbewahren	S. 11, 16, 18, 19, 22, 24, 26, 30, 49
Kommunizieren und Kooperieren	S. 22
Produzieren und Präsentieren	S. 11, 15, 16, 18, 19, 22, 24
Problemlösen und Handeln	S. 5, 21, 34, 45, 46, 47, 58, 62